国家社会科学基金重大项目“创新驱动发展战略与‘双创’研究”（2015YZD03）阶段性成果

科技创新公共服务体系研究

黄艳　陶秋燕　编著

Research on Public Service System of Science and Technology Innovation

中国社会科学出版社

图书在版编目（CIP）数据

科技创新公共服务体系研究/黄艳，陶秋燕编著 .—北京：中国社会科学出版社，2020. 11
ISBN 978 -7 -5203 -6870 -4

Ⅰ. ①科… Ⅱ. ①黄… ②陶… Ⅲ. ①科技服务—公共服务—研究 Ⅳ. ①G315

中国版本图书馆 CIP 数据核字(2020)第 134501 号

出 版 人 赵剑英
责任编辑 侯苗苗
责任校对 周晓东
责任印制 王 超

出 版 中国社会科学出版社
社 址 北京鼓楼西大街甲 158 号
邮 编 100720
网 址 http：//www. csspw. cn
发 行 部 010 -84083685
门 市 部 010 -84029450
经 销 新华书店及其他书店

印 刷 北京明恒达印务有限公司
装 订 廊坊市广阳区广增装订厂
版 次 2020 年 11 月第 1 版
印 次 2020 年 11 月第 1 次印刷

开 本 710 × 1000 1/16
印 张 11. 5
插 页 2
字 数 188 千字
定 价 69. 00 元

序

随着经济全球化及互联网技术的发展，科技创新活动日新月异。创新发展关键是需要科技和经济的深度融通，真正发挥“科学技术是第一生产力”的作用，面向经济主战场已成为科技创新的方向之一。推动科技创新与经济发展的紧密融合离不开政府的宏观引导与指导，科技创新公共服务作为科技创新活动的重要支撑，对优化科技创新资源的配置，促进科技与经济融合，提升科技成果转化率发挥重要作用。

当前，我国正在大力建设创新型国家，作为国家创新体系重要组成部分的科技创新公共服务如何发挥其应有的作用，迫切需要从理论层面寻求科技创新公共服务发展的方向和路径，同时还需要大量总结国内外科技创新公共服务发展的经验，形成科技创新公共服务体系。目前有关科技创新公共服务的研究仅仅是关注其中的某一点或某一环节的研究，尚未提出有关科技创新公共服务体系的概念及支撑其运行的理论机制。因此，跳出局部或以偏概全的传统思路，破解科技创新公共服务与创新活动之间的关系，提出符合本土需求的科技创新公共服务的理论，不仅是当前中国进行科技创新实践的要求，也是科技创新公共服务理论发展的需求。

陶秋燕及其研究团队在科技创新公共服务体系的理论及实践方面进行了积极探索，主要研究成果体现在本书中。他们从创新链与科技中介服务链融合的视角切入，研究了当前科技创新公共服务发展的理论与政策问题。特别是书中提出了从创新产生、开发和推广到创新扩散的创新链条，围绕该创新链条布局科技创新公共服务链。科技创新公共服务应聚焦于市场机制不能有效解决的科技创新活动，推动科技基础设施的建设与共享，布局前沿与重大共性关键技术研究，提供进行科技创新成果转化与推广所需的服务，完善知识产权与ICT公共服务体系建设，为科技创新活动提供良好的体制、机制保障。同时，基于这一理论框架，对科技创新公共服务的发展现状、存在的问题提出了相应的政策建议，并对国内外有关共性技术供给体系与技术扩散服务体系的成熟案例进行了借鉴与比较分析。

本书融理论、实践和政策为一体，不仅对科技创新公共服务理论研究具有一定的参考价值，对国家创新体系建设，科技创新公共服务管理的实践及政策制定也提供了经验借鉴。因此，我愿意将此书推荐给关心、关注中国科技创新、经济发展及科技创新公共服务发展的志同道合的同人。当然本书是科技创新公共服务体系的初步探索与研究，许多观点和建议仍有待在实践中进一步检验，希望广大读者和同人给予批评指正。

李 平

于2020年

前　言

改革开放以来，中国经济发展取得了骄人成绩，2010 年中国 GDP 总量超过日本，成为仅次于美国的世界第二经济大国；2013 年中国超越美国成为世界第一货物贸易大国；2015 年中国的 R&D 经费总量首次跃居世界第二位；中国已成为世界经济大国、制造业大国及创新大国。但是，仍与经济强国、制造业强国与创新强国存在一定的差距，中国经济发展仍存在较为严峻的挑战。2008 年国际金融危机以来，国外需求的下降使外贸对经济增长的推动作用下降，中国劳动力人口增速的下降及老龄人口的增加，大规模人口数量所带来的人口红利作用在衰减，靠“高投入、高消耗、高污染”的粗放型增长模式逐渐显示出其弊端，中国经济发展步入“新常态”。中国经济迫切需要由要素、投资驱动转向创新驱动，提升中国经济发展的质量水平，培育世界先进制造业集群。

2016 年 5 月，中共中央、国务院发布《国家创新驱动发展战略纲要》，提出中国进行驱动发展的战略背景、要求及目标和保障等，创新驱动发展战略的保障之一是“改革创新治理体系”，如何从理论和战略高度把握科技创新公共服务与创新驱动发展战略的关系，全面提升国家创新体系的整体效能，已成为学术界和政府部门亟须破解的重大命题。目前中国的创新体系建设及创新政策仍存在重视资金、数量投入及机构建设而轻体系建设与治埋等问题，为更好地保障国家创新驱动发展战略的实施，国家创新治理体系及创新政策的重点应转向科技创新服务体系的建设，特别是科技创新公共服务体系的建设。在当前新型国内外经济形势与背景下，科技创新公共服务体系的建设既面临着不容错失的战略机遇，也面临着较为严峻的调整。科技创新公共服务的研究需跳出传统范式，运用新型理论框架做指导，并结合国内外先进实践经验，为科技创新公共服务体系的建设制定新的思路。本书通过理论构建、统计分析与案例研究、现状与政策梳理等，并结合科技创新公共服务发展的实际需求撰写而成。

本书基于开放式创新理论、结构洞理论及共生耦合理论来论述创新模式的发展及特征，结合创新活动的特征对创新链进行概念界定及活动分解，提出科技创新公共服务链应分布在创新链各环节，立足于创新链各主体及各环节创新活动的科技需求，为创新成果的供需方提供多元化服务，使各阶段的创新需求得到有效满足，促进创新思想及成果在不同创新主体及不同创新环节间得到有效流转与衔接。基于科技与经济融合的视角对科技创新公共服务的内容进行界定，主要包括公共类的科研基础设施、设备服务及共性技术服务、技术扩散及基础工艺扩散服务、知识产权类服务及 ICT 服务。

本书基于国际和国内视角，归纳总结了共性技术服务发展的最新经验与做法。选取国内外若干有代表性的科技创新公共服务机构或组织，如美国半导体制造技术研究联合体、德国弗朗霍夫应用研究促进学会和日本产业技术综合研究所，重点剖析其如何围绕功能定位实现机构或组织的良好建设与运行，并为我国科技创新公共服务体系建设提供有益经验借鉴。对当前国内共性技术供给体系的政策，国内共性技术体系的典型代表即国家工程研究中心、科研基地及地方产业技术研究院的运行机制及组织管理等进行了介绍。本书基于统计数据和翔实的文献资料，对我国科技基础设施、基础工艺技术扩散服务、知识产权公共服务以及 ICT 公共服务的建设及发展现状进行了分析，剖析存在的问题并提出优化科技基础设施布局的方案，促进基础工艺扩散服务体系与知识产权公共服务体系建设的政策建议以及通过 ICT 公共服务更好地促进国家创新能力提升的路径。

北京联合大学管理学院陶秋燕教授编写本书的研究体系和框架，北京联合大学管理学院黄艳副教授负责全书的统稿、修改工作。全书共分六章，第一章由北京联合大学管理学院王林编著，第二章由北京联合大学管理学院黄艳编著，第三章由北京联合大学管理学院李立威编著，第四章由北京联合大学管理学院马丽仪、裴一蕾编著，第五章由北京联合大学管理学院寇颖娇编著，第六章由北京联合大学张赫、对外经济贸易大学高腾飞编著。

本书的完成得到了政府、学术界和产业界的大力支持。首先，一系列政府资助的研究课题为本书提供了丰富的素材基础和成果积累。这些课题主要包括中央宣传部与全国哲学社会科学规划办公室委托的重大课题“创新驱动发展战略与‘双创’研究（2015YZD03）”，全国哲学社会科学规划办公室委托的课题“全球价值链下中国制造业升级的影响因素与动力研究”（16CJY031）。其次，本书的完成得到了许多专家、学者和相关机构的大力支持。中国社会科学院数量经济与技术经济研究所李平研究员、中国社会科学院工业经济研究所贺俊研究员多次当面或通过邮件给予指导。谨向上述专家、学者表示衷心感谢。

本书是课题组成员集体智慧和心血的结晶，在此一并感谢课题组成员的辛苦付出！由于笔者水平有限，书中疏漏之处在所难免，敬请读者批评指正！

目　录

第一章 科技创新公共服务体系研究概述

科技创新是一国经济实现持续增长，掌握国际话语权的核心，依靠科技创新促进国家发展，“进入创新型国家行列”成为国家中长期科技发展规划目标。近年来，我国深入实施创新驱动发展战略，自2006年《国家中长期科学和技术发展规划纲要（2006—2020年）》颁布以来，2015年国家又相继出台了有关创新驱动发展战略和科技体制改革的意见和方案，2016年5月，中共中央、国务院发布并实施《国家创新驱动发展战略纲要》。科技创新公共服务体系作为国家创新体系的重要组成部分，对集聚各类科技资源，加快科技项目孵化，推进科技产业化进程，增强自主创新能力，促进国民经济持续健康发展都具有重要意义。

第一节 科技创新公共服务体系建设面临的机遇与挑战

一 科技创新公共服务体系面临不容错失的战略机遇

（一）科技创新资源投入的不断增加需要发挥科技公共服务在促进科技成果转化中的桥梁和纽带作用

近年来，我国科技创新资源投入不断增强。R&D作为创新活动的核心部分，R&D经费与人员投入是重要的创新资源，经过长期持续的资源投入，目前中国的创新资源储备充足。从R&D经费投入来看，2013年中国的R&D经费达1912.1亿美元，首次超过日本，并成为世界第二大R&D经费投入国。2018年中国的R&D经费达2857.1亿美元，与处于第1位的美国差距逐步缩小。自21世纪以来，相较于其他国家，中国的R&D经费年均增速达17.3%，居世界首位。从R&D人员投入来看，自2000年以来，中国R&D人员年均增长率达10.9%，

2017 年中国的 R&D 人员达 8705 万人，研发人力规模居全球首位。在抓紧实施创新驱动发展战略的大背景下，我国创新资源的投入会持续增加，科技产出总量会快速增加，对科技成果转化的需求会更迫切。作为科技成果转化的桥梁和纽带，科技公共服务的重要性更加突出。

（二）科技创新的全球化需要有完善的科技创新公共服务体系以更好地配置科技创新资源

随着经济和科技全球化的推进，创新全球化已成为主要趋势与潮流，创新要素、创新主体、创新活动、创新影响以及创新治理的全球化表现日益突出。创新的全球化打破国家界限，创新要素在全球范围的流动与重组愈演愈烈，创新模式与治理体系的变革随之而来。因此，在创新全球化的背景下，我国应抓住机遇，合理及优化布局创新资源，积极有效地开展相应的创新活动，实现在全球价值链位置上的提升。完善的科技创新公共服务体系能够提升科技创新要素流动速度，改善创新要素配置方式，实现创新要素配置效率的提升。同时，以全球化的视角审视创新这一主题就会发现，一国的要素及市场已成为全球的要素及市场，因此，创新驱动发展战略应从整合全球创新要素，从体制及机制方面破除阻碍创新要素，尤其是优质创新要素流动的障碍，实现全球范围内智力、资金、人才技术等创新要素的合理流动，融入全球创新网络。而创新要素的全球配置对科技创新公共服务的需求会更迫切，且会需要更大规模、更高档次及更多功能的科技创新公共服务。

（三）促进国家经济发展与国际竞争力的提升离不开科技创新公共服务体系的支撑

科技创新资源及科学技术知识作为促进经济增长的核心战略资源，一国经济增长的效率及质量又取决于对这些战略资源的高效应用。科技创新公共服务体系作为国家创新体系的重要组成部分，能够促进科学技术知识合理高效流动，提升科学技术知识的应用效率，促进研究开发链与生产销售链有效衔接，减少创新过程中的不确定性，缩短技术创新时滞，使科学技术成果从潜在生产力向现实生产力更快地转移。假设科学技术知识能即时从生产者转移到使用者，即能够即时将科研成果或发明转化为产品，实现产品的商品化和科学成果的产业化，那么拥有的科学技术知识越多，就意味着更高的经济效率和经济效益。科技创新公共服务体系能够发挥促进科学技术知识的循环流转与应用的功能，解决科技与经济脱节的问题，实现经济高效增长及国际竞争力的提升。

（四）创新治理体系和治理能力的现代化需要发挥科技创新公共服务体系的独特作用

“完善和发展中国特色社会主义制度，推进国家治理体系和治理能力现代化”在党的十八届三中全会中被定位为全面深化改革的总目标，创新治理体系和治理能力的现代化是其中的组成部分。自国家创新系统理论提出后，OECD 等发达国家一直在进行国家创新体系的建设及治理，目前正不断由科技创新管理向科技创新治理转型。伴随着我国深入实施创新驱动发展战略，以及创新活动的开放式、体系化、网络化和社会化等非线性特征的出现，我国的科技创新治理重点也需要由重视研发链条的科研管理向创新链条的多部门、多主体、跨领域的创新治理转型。科技创新公共服务体系在科技创新治理现代化中能够发挥独特作用，如借助专业化的科技中介服务机构提供专业化的服务来提升科技创新治理的效率，降低科技创新活动的不确定性及科技创新治理的风险和成本，推动有关科技创新治理政策的实施，丰富科技创新治理的手段，改善科技创新治理的信息披露方式，提升科技创新治理信息的透明度和公开度。

二 科技创新公共服务体系发展面临的挑战

科技创新公共服务发展实践中面临着诸多挑战，不利于科技创新公共服务体系的完善，为应对这一挑战，科技创新公共服务体系需要新的理论指导来支撑其发展。

（一）科技创新公共服务体系由重视机构数量及基础向创新效率和质量提升转变

我国科技中介服务机构自20世纪70年代进行创建以来，经过近40年的发展，经历了由无到有、由少到多的阶段，目前已形成一批名目繁多、数量庞大的科技中介服务机构，但总体而言，我国科技创新公共服务的发展主要侧重于机构数量及规模的建设，服务能力及科技创新公共服务体系建设重视不足。在大力开展国家创新体系建设的背景下，科技创新公共服务体系的建设已成为主要内容，一些新型科技创新公共服务业态不断涌现，科技创新公共服务体系的发展及运行模式出现转变，面对当前新型科技创新公共服务发展趋势，需要从新的理论视角解释科技创新公共服务体系建设的路径及重点。

（二）科技创新公共服务需要转变发展思路来支撑创新驱动发展战略

在国家经济增长模式逐渐转向熊彼特创新驱动增长模式及开放式创新驱动模式下，创新资源及要素不断丰富，对创新的需求也不断增加，但目前科技创新公共服务对科技创新资源及要素的配置效率不高，大量公共资源不能有效共享，资源配置效率低下，不能很好地满足创新主体的需求。这对科技创新公共服务的发展及体系建设提出了更高要求。如何围绕创新需求优化科技创新公共服务机构的数量和结构布局，提升科技创新公共服务的能力来满足目前开放式、体系化、网络化和社会化创新活动的更加系统及专业化的服务需求，还需要有关学者、专家及政策制定者从创新驱动发展战略的角度提出新的理论指导框架。

（三）科技创新公共服务内容不断丰富，需要总结国内外先进实践经验

在经济全球化背景下，创新及服务全球化的特征日益明显，科技创新公共服务体系所面临的发展环境更加复杂和动态。伴随着大数据和云计算等信息技术和互联网技术的快速发展，新型科技创新公共服务的组织模式及服务模式不断涌现。但目前的科技创新公共服务体系仍存在诸多问题，如服务供需不匹配，服务效率低、能力弱，服务不成体系。因此，迫切需要对国内外有关科技创新公共服务发展的最新实践经验进行分析和研究，在当前的新形势下如何更好地构建科技创新公共服务体系，这是科技创新公共服务在国家创新体系建设中发挥独特作用的内在要求。

（四）有关科技创新公共服务的政策单一，需提出新的政策

科技创新公共服务资源的投入及机构的设立离不开政府财政和税收政策的支持，这些政策为科技创新公共服务体系的运行发挥了积极作用。但是结合当前科技创新公共服务体系运行现状及进行国际比较可以发现，目前有关政府采购科技公共服务、促进科技公共服务国际化发展的政策导向不足，有关科技创新公共服务环境方面的政策法规，如关于科技创新公共服务的质量及效率、科技创新公共服务的标准及绩效评估的法律法规有待完善。在当前科技创新公共服务发展的战略机遇期，需要对有关政策导向进行完善。

第二节　国内外研究现状综述

科技创新公共服务体系作为国家创新体系的重要组成部分，同时作为科技中介，科技创新公共服务是科技和经济的桥梁和纽带，提供典型的知识密集型服务，在创新系统和创新过程中发挥着重要的作用。本部分从国家创新体系的发展与演变、知识密集型服务业与科技中介服务及国内外有关科技中介服务业的研究进行文献综述。

一　国家创新体系的演变与科技中介的发展

国家创新体系这一概念最早是于20世纪80年代分别由Lundvall（1985）、Nelson（1986）和Freeman（1987）提出，三位教授对国家创新体系这一概念的理解和侧重点不同，因此形成有关国家创新体系理论研究的三种学术传统。尽管三种学术传统之间存在一定的分歧，但关于国家创新体系的认识，大家都接受的事实是“创新过程中企业、大学和科研机构之间可以通过开展科研合作、人员交流、专利共享及设备的购买等联系，它们之间的联系对改进创新实绩至关重要。创新和技术进步是生产、分配和应用各种知识的主体之间的一整套复杂关系的结果”（王春法，2003）。国家创新体系概念提出后，很快发展成为分析和评估一国科技创新政策及绩效的重要工具和框架，并引起经济合作与发展组织（OECD）的高度重视。

随着对国家创新体系深入系统的研究，学者发现研发支出的经济效果还取决于多种因素，如社会的、政治的、组织的和体系的以及其他的影响创新开发、扩散和使用的因素（Edquist，2006），学者对国家创新体系的认识与理解也发生了一定的变化，Andrew等（2015）将国家创新体系与科技中介的发展归纳为三个阶段。

第一阶段的代表性文献有Freeman（1982，1987，1995）、Lundvall（1985，1988，1992）、Nelson（1990，1992，1993）、Patel和Pavitt（1994），研究重点为制度结构；共同学习与路径依赖；主要集中于对OECD国家的研究，包含的中介机构或组织有少量关于知识与网络的中介、中介企业（Carlsson & Stankiewicz，1991）、上层建筑组织（Leyn et al.，1996）；研究咨询与资助机构（Van der Meulen & Rip，1998）。中

介机构或组织的作用是促进政策制定者与创新者间的知识流动，此时并没有从创新的角度认识中介组织。Howells（2006）认为中介组织有三大功能：第一，创新网络内信息收集与交换功能（Hargadon & Sutton，1997）；第二，通过在网络成员间进行信息的分享，中介组织之间能够构建或发展相应的网络组织（Kogut & Zabder，1992）；第三，网络成员间的合作关系一旦建立，中介组织就能够帮助管理和发展这些关系，便利合作过程（Davenport et al.，1999）。

第二阶段的代表性文献有 Carlsson 和 Stankiewicz（1995）、Breschi 和 Malerba（1997）、Asheim 和 Isaksen（1997）、Cooke（1997）、Jacobsson 和 Johnson（2000），研究重点为对创新体系中有关宏观方法与重视国家维度的质疑；开始转向对技术、产业与区域创新体系的研究，建立国家创新体系的函数，中介变得更加受重视（Smits & Kuhlman，2004），行业协会的作用开始显现，强调宣传和游说知识转移（Hekkert & Negro，2009），为了创新进行知识交换（Dalziel，2006）。Chesbrough 等（2006）认为，创新中介的知识与技术转移对合作公司（如合作研发项目）与日渐复杂的生产与供应链十分重要（Howells，2006）。创新中介的主体包括技术与行业中特定的咨询公司、商业服务提供者、一般的管理与战略咨询公司与风投公司。

第三阶段的代表性文献有 Pavitt 和 Patel（1999）、Carisson（2006）、Fu 等（2011）、Rezale 等（2012），研究的重点是对创新体系国际化的重视日益增加，关注跨国公司的作用，全球知识的流动和全球市场。有关发展中国家意识到行业协会的作用，主要有印度的 ICT、墨西哥的农业以及南非的生物制药（Kshetri & Dholakia，2009；Dutrenit，Rocha - Lackiz & Vera - Cruz，2012；Papaionannou et al.，2015）。

二　知识密集型服务业与科技中介服务

国外对科技中介服务的有关研究与知识密集型服务（Knowledge-Intensive Business Service，KIBS）密切相关，早期有关知识密集型服务业的研究主要集中在探讨其内涵，归纳类型和特征，典型学者有 Miles 等，目前比较接受的有关知识密集型服务业界定是 Miles 等（1995）的研究，主要是私人企业或组织从事知识密集型服务，其依赖于专业知识并提供以知识为基础的中介产品和服务。Miles 等（1995）将知识密集型服务划分为技术型知识密集型服务和非技术型知识密集型服务，前者主要是提供与技术相关且技术知识含量高的专业性服务，后者主要是提供与技术相关性弱、技术知识含量较低的传统专业性服务。关于知识密集型服务的研究主要集中在1997年之后，尤其是欧盟启动创新调查项目后，欧美学者开始从国家、区域和产业层面对知识密集型服务展开了较为集中系统的研究。

并且随着知识密集型服务业的研究，学者将注意力转移到科技中介服务的研究上，如Hargadon和Sutton（1997）、Hargadon（1998）、Howells（2006）等，但两者是有区别的。知识密集型服务企业、研发与技术开发公司等知识密集型服务公司，只把中介当作其主要活动的副产品；而科技创新中介在新想法来源与需求方间发挥联络作用，并且科技创新中介的主要功能即是中介作用。

三　国外有关科技中介服务的研究

（一）科技中介在创新系统和创新过程中的作用分析

如Hargadon（1998）、Hargadon和Sutton（1997）、Stankiewicz（1995）、McEvily和Zaheer（1999）及Howells（2006）的研究。科技中介服务作为一种典型的知识密集型服务，在促进服务业创新过程中发挥了重要作用。

（二）科技中介机构与不同类型创新模式的匹配

作为一种知识密集型服务业，其主要为满足企业的创新需求为主，因此对于不同类型的创新，所依赖的科技服务活动也不同，如企业进行的主要依赖于研发与专利的高端创新，则需要与高校和科研机构等科技中介进行合作。如企业进行的是非技术密集型的创新活动，如商业模式或组织模式创新，则需要聘请有关科研人员来促进高校或政府机构与企业进行知识交流（Franz et al.，2009；Laursena，2004）。

（三）影响科技中介机构发挥作用的因素分析

科技中介机构及企业对知识的吸收能力是影响高校与企业之间进行技术转移的关键因素（Toshihiro，2008），更多地使用科技中介服务的企业知识吸收能力强，并且它们的认知能力也会更高。此外，科技中介服务机构发挥作用的有效性会受知识类型的影响，不同类型的科技中介服务机构对不同知识的处理能力也不同，如大学能够处理不同形式的知识，行业协会等专业化的科技中介机构能够处理编码化的知识，而风投等金融中介善于处理隐性知识，如管理技能、风险评估等。政府等公共部门则能够激励知识的转移，为创新主体间的交流提供服务（Yusuf，2008）。

四 国内有关科技创新中介服务的研究

（一）总结国外科技创新中介服务体系的经验

国外科技创新中介服务体系具有更完善的法律法规体系。如黄传慧等（2013），盛垒（2006），屈娥、赵宏（2012），对发达国家的科技创新服务体系的研究发现美国特别注重有关科技政策的立法，从20世纪70年代开始美国已通过了多部科技立法，因此，美国的科技立法体系十分健全，并尽可能地为企业和个人营造创新的政策环境，大力推动美国产业的技术创新和科研成果的产业化。英国、日本等发达国家普遍重视科技服务业良好制度环境的营造，通过政策法规体系的建设和完善，促进了科技服务业的健康有序发展。

注重对科技资源的投资与共享。黄军英（2014）认为，以美国为代表的发达国家政府均十分重视对创新基础要素的投资，新发现和新技术所需的人力资本、物质资本和技术资本的投入均远远高于一般国家；盛垒（2006）研究发现美国在信息网络基础设施、大型科研设施、数据库和图书馆等创新基础设施方面投入巨大，并不断地积累，为美国创新型国家的建设奠定了重要基础。汪传雷等（2014）认为，美国除了注重对科技资源的投资，还十分重视对科技资源的共享，并出台相应的法律法规来保障科技资源的共享，美国在科学数据、自然科技资源、仪器设备、科学文献等科技资源方面均可进行共享。

多样化的科技中介服务机构提供广泛的服务内容。屈娥、赵宏（2012）对比发现发达国家的科技中介服务业十分发达，科技中介服务机构种类繁多，组织形式多样，专业化程度高，活动能力强。并且不同性质的科技中介服务机构职能分工明确，层次分明，运行模式多样化，既有政府主导型的官方技术转移服务机构、各大学设立的科研成果转化机构、科技园区，又有各种类型的技术创业孵化器、联盟和行业协会、特定领域的专业服务机构和其他科技中介服务机构，能满足不同主体的不同层面的创新需求。如美国的科技中介服务机构能够提供技术咨询或经纪服务、科技项目孵化、技术评估、技术测试与技术示范等，为中小企业获得专利、资金，组织企业主与风险投资家的见面等；日本的部分科技中介服务机构能够提供包括新技术的研发、产业化，信息的流通，研究交流和支援以及科技的普及服务，部分科技中介服务机构能够为应变能力差的中小企业提供技术支持和融资担保等，部分科技中介服务机构能对行业内或相关领域提供多层次的科技服务。

科技中介服务机构的从业人员素质较高。科技服务是非常专业的工作，对经营管理者和专业人员的素质要求较高。曹丽燕（2007），屈娥、赵宏（2012）认为，美国和日本等发达国家的科技中介服务机构多是依托大学建立的，技术转移中介人员多是专业的技术人员，大都具有理、工、商、法律等专业中两种或两种以上的专长，有博士学位者相当多。并且国外科技中介机构对从业人员的要求重在质量而不是数量，如英国技术集团（英国最主要的科技中介服务机构）的人员还不到200人，美国研究技术公司也只有30人。

完善的资本市场。发达国家一般都拥有较完善的资本市场，如美国具有较为成熟的风险投资体制与较为发达和完善的资本市场，为企业提供直接融资场所，促进了社会化的科技创新体系的形成和完善；芬兰拥有国家研究发展基金会、Finpro、Finnvera三大基金会和产业投资公司，目前这些机构虽名义上属于政府，但均依法独立运作，不接受任何国家财政拨款。

（二）当前中国科技创新中介服务体系发展现状

梳理国内科技创新服务体系历史沿革。付忠和（2005）、李文博（2011）及韩燕萍（2015）对我国科技创新中介服务体系的产生及发展的历程进行了梳理。我国科技创新服务体系是在国家改革开放，大力发展市场经济的背景下，为适应中小企业的发展和科技体制的改革应运而生的。科技中介服务体系起步于20世纪70年代末期，在北京、上海、江苏、广东等经济发达区域，科技中介服务机构从无到有，经过30多年的发展，这些地区的科技中介服务机构数量大幅增长，服务能力大幅提升，服务形式多样化发展。尽管我国的科技创新服务体系在科技创新企业、科技创新服务平台建设、科技成果转化等方面取得数量以及质量上的飞跃，但由于我国科技创新服务体系建设起步晚，至今尚存在很多不足之处。

（三）当前中国科技创新中介服务体系存在的问题

国内学者韩燕萍（2015）、吕薇（2006）、李文博（2011）、王雪平等（2006）、吴应良等（2012）对当前我国科技创新中介服务体系存在的问题进行了分析，从他们的分析来看，我国科技创新中介服务体系主要存在以下问题：

（1）立法滞后，缺乏法律保障。近年来，尤其是经济发达区域的创新服务机构发展迅速，但就目前而言，我国在科技创新中介服务体系方面的法律体系仍不健全。主要表现在，目前所出台的科技创新中介服务体系的规章条例比较笼统，甚至在科技创新中介服务体系某些方面的立法几乎是空白的，存在无法可依的局面。如我国在创新服务机构的性质、运行机制、税收政策以及创新服务机构的收费管理等方面大都是由国家管理部门和地方政府文件来确定，而不是法律规定。

（2）科技中介服务体系的组织形式与运行机制存在问题。我国一些科技创新中介服务机构的组织形式和运行机制与其职能不协调。我国的一些科技中介组织是在计划经济向市场经济转轨过程中逐步发展起来的，如政府资助的一些共性技术研究开发机构，主要设置在大学和研究院所，有些直接设在企业，具有浓重的“官办”“半官办”色彩。但随着我国市场经济的发展，经济与科技体制改革的深入，政府职能未能实现完全的转化，没有把应该转移给科技创新中介服务的职能进行彻底转移，实行事业单位运作的科技中介组织仍占比较大。如果没有特殊的管理办法和保障机制，这类机构难以发挥共性技术研发平台和技术扩散的作用，违背设立的初衷。

（3）功能不全，服务内容差异化不明显。目前大部分地区的科技孵化器主要是提供实验和生产场所以及简单的一站式服务，许多风险投资公司都是以金融业务为主，市场开拓和技术咨询等专业能力薄弱，技术产权交易市场主要是提供技术信息、技术报价和集中交易的场所等，缺乏技术评估、市场开拓和融资服务等中间服务。我国现阶段大多数科技中介机构提供的服务主要是面向各个行业的共性服务，缺乏针对特定行业的差异化服务，在先进信息技术、先进制造技术、生产管理模式、科技风险投资咨询、科技信用评价、项目国际交流服务方面严重不足。

（4）科技创新服务资源共享平台建设相对落后。科技基础条件平台的建设从2002年才开始，与发达国家从20世纪90年代就开始建设科技共享平台相比存在较大差距。缺乏各类科技数据信息资源，并且各类有限的资源得不到充分的利用，现有科学数据的利用率和共享程度极低，能为重大科技创新研究提供有效支撑的数据库不到已有数据库的

10%。而且由于缺少各种必要的公共数据库和各组织间的有效联系和沟通，致使科技中介服务业内重复投资、重复劳动的现象严重。

（5）从业人员素质与发达国家存在较大差距。科技中介服务作为知识密集型的行业，对从业人员综合素质要求较高，不仅要具有科技背景，还要熟悉经济、管理、法律、沟通等方面知识。目前，我国持有“技术经纪人”证书的人较少，技术经纪机构也较少。从业人员素质问题已成为制约我国科技服务业发展的关键因素。相当一部分咨询研究人员的经验和素质不能满足市场需求，一方面各类科技服务机构发展较快，另一方面某些科技服务机构的工作人员为政府官员转岗的，或从其他领域转行过来。虽然他们的学历和职称较高，但缺乏专业咨询经验和市场观念。

科技创新服务中介体系除了存在上述大多数学者认可的共性问题外，我国科技创新中介服务体系还存在一些特殊问题，如科技中介机构未形成有效协作网络；国际化程度低，与国际接轨有很大难度；融资难，科技企业对研发的投入低，产学研一体化合作链有待形成。

（四）中国科技创新服务体系存在问题的原因

对于当前我国科技创新服务体系存在各种问题的原因，不同学者从各自角度进行了探析。如韩燕萍（2015）认为，我国科技创新服务体系存在各种问题的主要原因在于科技创新服务体系中创新主体的磨合性，即创新主体的角色意识以及角色边界性问题。创新主体之间分工不明、职责不清导致科技创新服务体系内部信息不对称，进而导致体系内部运转不协调、无效率。

李文博（2011）认为，我国科技创新服务体系与发达国家存在差距的主要原因在于大多数科技中介服务机构成立时间较晚，距今仅有30多年的历史，而美国、英国、日本等发达国家的科技中介服务体系已有近百年历程，并且科技中介服务体系从起步到发展壮大再到成熟完善需要一个较长的经验和知识累积过程，这也是我国与发达国家科技中介服务体系存在差距的主要原因。此外，他还认为，科技中介服务体系的发展规划和政策扶持相对缺乏。无论在国家还是区域层面，我国科技中介服务体系都缺乏整体战略规划，存在大量低水平无序竞争现象。大多数科技中介服务机构的组织架构、合作网络、运行机制、行业认同等方面未得到明确，导致科技中介服务体系整体缺乏核心竞争力。最后，科技中介服务体系与发达国家差距大还与我国的经济体制有关，在我国由计划经济向市场经济转轨的过程中，政府也将科技服务机构的社会服务性和一部分监督性的职能交给中介组织，但是由于改革不到位，科技中介服务机构在运行时还受到政府部门的较大制约，行业地位未得到有效确认，市场化水平低。

丁其涛等（2002）从科技中介服务体系的管理体系分析存在的原因，他认为目前科技中介服务体系的决策管理部门和决策者不能充分认识到科技中介服务尤其是科技咨询在辅助决策、加强管理、促进科技与经济更加紧密结合方面的重要作用。王雪平等（2006）主要从科技中介运转机制的角度分析了科技创新服务体系存在问题的原因，他认为我国的科技中介组织经营管理机制不合理，服务创新机制不健全，执业资格测评机制缺失是导致科技创新服务体系存在问题的主要原因。韩丽萍等（2013）从政府职能角度分析原因，她认为我国政府在公共科技服务的主导作用中尚未形成有效联动的合力机制，存在部门割裂的现象。公共科技服务参与的主体缺乏对公共科技服务的公益性意识，公共科技产品服务的内容和形式较为单一，与传统科普活动基本相同。

第三节　理论分析及概念界定

本部分结合有关理论，即开放式创新理论、结构洞理论及共生耦合理论来论述创新模式的发展及特征，科技中介服务在创新过程中存在的必要性以及创新与科技中介服务间关系，在此基础上对创新链和科技中介服务链进行概念界定，并界定了科技中介公共服务的内容。

一　理论分析

（一）开放式创新理论

早在20世纪80年代，美国等发达国家的创新模式仍以封闭式创新为主，表现在基础研究主要在大学实验室完成，研究成果无法直接用于企业的商业化，为使研发成果能够服务于企业的战略发展目标，企业开始投入大量的资金、设备与优秀员工用于企业内部研发实验室的建设，创新思想的产生、开发、制造和营销主要由企业自己承担。随着经济的发展及消费者需求的多样化与个性化趋势越发明显，封闭式创新不能满足消费者多样化需求的局限性逐渐显现出来，企业的创新活动开始考虑用户的需求，通过向用户咨询来发现创新需求，并开发和完善创新活动，形成了包括用户、科研机构、其他相关企业、中介等主体在内的创新网络。到20世纪末，信息技术的快速发展，开源软件运动的出现对企业的创新模式带来了新的影响，企业可借助开放源代码软件运动来进行软件的开发，全球的Linux技术开发网络即是在当时形成的，一些利用网络技术的创新平台也在当时出现，创新模式已经突破企业内部边界，称为完全开放式的“开放式”创新。

Chesbrough（2003）首次提出开放式创新理论，从Chesbrough（2003）对开放式创新概念的界定来看，开放式创新是指可同时利用企业内外部的创新资源和内外部的商业化资源，即企业可整合内外部创新资源进行技术开发，并将内部技术通过企业自身渠道投入市场，也可借助外部渠道实现技术的商业化。通过开放式创新，可实现促进知识的流动，促进企业内部技术创新及市场竞争力的提升。早在开放式创新理论提出之前，Rothwell和Zegveld（1985）即提出过企业进行合作创新的重要性，企业要从其供应商、用户、大学及科研机构、私人实验室及竞争者处获取有关创新资源，但开放式创新与合作创新的区别在于，前者强调创新全过程的开放，即从创新思想的产生、研发、试验到生产和市场化整个创新过程的开放行为，而后者（合作创新）主要侧重于创新过程的前端和中端，即创新产生、研究开发和试验阶段的开放式行为。

（二）结构洞理论

Freeman（1991）首次提出“创新网络”的概念，它是应付系统性创新的一种制度安排，主要连接机制是企业间的创新合作关系。其后又有学者，如Nonaka（1995），Koschatzky（1999），Hones、Conway和Steward（1999）对创新网络的概念进行界定。Harris等认为创新网络是由包括创新服务提供者在内的不同的创新参与者间提供正式或非正式契约形成的协同创新主体，来共同参与新产品或新技术的开发与商业化，建立各种直接或间接的互惠、灵活的关系，使网络整体的创新能力优于个体创新能力之和。

美国社会学家Burt在1992年首次提出“结构洞”（Structural Holes）理论，主要是指社会网络中的“洞隙”，“洞隙”的存在导致网络中的行为主体间不能直接建立连接或者行为主体之间的关系出现中断。“结构洞”的存在促使了发挥中介作用的第三方的出现，第三方将愿意谈判的主体或机构组织起来，并使各方利益都有实现的可能。占据结构洞的第三方具有信息和控制优势。

创新过程中各创新主体之间，企业、高校与科研院所间经常存在无直接联系或关系间断的情况，造成创新网络的结构性缺陷以及制约创新效率。按照结构洞理论，科技中介机构作为占据结构洞的第三方能够基于信息优势与控制优势，在间断的创新主体间搭建桥梁，据此发挥代理人或经纪人的功能，连接创新各方，为潜在的合作者提供信息，使创新主体能够及时、快速地获取有价值的信息，加快知识流动与技术转移，优化配置和整合创新资源。因此科技中介机构通过占据结构洞以及所占有的信息优势，促进科技链与产业链的融合，能够整合并充分利用创新资源，促进科技成果转化。

（三）共生耦合理论

随着开放式创新理论的提出，有学者发现开放式创新已经成为一种理念和认知模式，创新主体逐渐意识到封闭式创新的局限性，创新主体与创新活动间形成相互关联、相互影响的“创新网络”。在此背景下，科技创新公共服务需全面而准确地把握创新与科技中介服务间的关系。目前存在的有关科技与经济间“两张皮”的现象，与未明确创新与科技中介服务间关系有关。

共生与耦合理论是用于探究两个系统关系的系统论，“共生”由德国微生物学家 Antonde Bary（1879）提出，目前共生理论主要是指看待不同事物间关系的方法，并被应用到社会学和管理学领域，如社会学家基于社会生产体系中各种因素的作用与关系，提出用“共生方法”设计社会生产体系。在企业层面，企业与企业间彼此相互作用，又面临市场竞争，一个企业的进化会影响其他企业的决策，带来其他企业的变化，这些变化又会引起其他企业的进一步变化，形成一种共生进化系统。耦合是指两个或两个以上的系统或运动方式之间通过各种相互作用彼此影响进而联合起来的现象。例如 A 与 B 系统通过各自的耦合元素产生相互作用而彼此影响的现象称为“A－B 耦合”，这一理论最早是由美国学者 Weick 在 20 世纪 70 年代提出。

创新网络系统中各主体间类似于生态系统中的共生关系，各创新主体的创新活动与服务主体间的服务活动存在耦合关系，共生耦合理论可用于分析创新服务链与科技中介服务链间关系的研究。

因此，从开放式创新理论来看，企业创新活动的全程开放行为为我们研究创新提供了一个新的视角，即关注创新活动的全过程，据此我们引入创新链的概念；结构洞理论为我们分析科技中介服务在创新过程中的重要性及必要性提供了理论视角，据此提出科技中介服务链的概念，而共生耦合理论为分析创新与科技中介服务间的关系提供了理论视角，即促进创新链与科技中介服务链的融合。

二 创新链的概念及特征

创新链是由 A. Parthasarathi 在 1970 年提出的，随后国内外学者对此展开了相应的研究，但总体而言，创新链主要是指创新过程，如 Parthasarathi 对创新链的理解是创新活动从理论研究、应用研究、开发、制造到市场营销，最终被市场接受的整个过程。Visvanathan（1977）认为，创新链是包括新思想和创意的发明与出现、技术创新与技术扩散三个阶段，但不是线性的过程。国内学者中，林淼（2001）认为技术创新链是一项科研成果从选题开始到实现产业化的整个技术经济过程，技术链与产业链的融合有利于科研成果产业化的实现。常爱华等（2011）基于价值链的概念，认为创新链的本质是从新思想到技术价值市场实现的职能活动的集合，是将科研成果或发明转化为产品，实现产品的商品化，在具有强大的市场竞争优势的前提下，实现产业化，完成国民经济分支产业的技术经济全过程。从开放式创新理论来看，企业的开放式创新行为使我们有必要从创新链的视角来分析创新活动。

三 创新链分解

创新链主要关注的是不同创新主体在创新的不同环节开展创新活动，使创新思想或新发现、新发明形成技术成果，并在此基础上进行创新成果的开发与加工，最终实现产品的社会化以及技术扩散的过程。按照时间先后顺序对创新链进行分解，整个创新链主要包括创新思想产生并形成技术成果，对技术成果进行开发、加工制造与推广，最终达到技术成果产业化阶段。创新思想的产生不仅仅来自于技术推动，市场推动力量也是创新思想产生的主要源泉，创新思想经过测量分析、撰写论文等初步研究后再以进一步的理论与实验性的基础研究探究创新思想的可行性与正确性，在此基础上结合产业具体问题进行应用研究，形成专利或许可等可操作性的技术成果。技术成果开发阶段，需结合市场需求与科学技术的发展趋势对技术成果进行试验与评估，然后对技术和产品进行开发研究及小试和中试。开发之后的技术成果经过市场示范及展示，具备批量生产条件之后即可进入大量加工制造阶段，并投放市场。当新产品大规模生产并被市场大众接受时，即进入了创新成果产业化阶段。

从创新链的概念及分解来看，创新链主要由创新过程各个环节与各环节的链接构成，其中各环节的链接处容易出现断裂，是创新链的薄弱点和要害。如林淼（2001）认为在创新链上，技术链与产业链间易出现间断，意味着并不是每一项科研成果都能实现产业化。因此创新链的重点是打通各环节，促使各环节有效链接。

四　科技中介服务链

科技中介服务链是以创新链为基础，由各类平台、机构等不同服务主体提供的服务活动的集合，科技中介服务链应分布在创新链各环节，立足于创新链各主体及各环节创新活动的科技需求，为创新成果的供需方提供多元化的服务，使各阶段的创新需求得到有效满足，促进创新思想及成果在不同创新主体及不同创新环节间得到有效流转与衔接。结合创新链的分解，围绕创新活动需要提供四类基本的科技服务活动，分别为科学研究与试验服务、科技成果转化服务、科技成果加工服务及应用与产业化服务，其中科学研究与试验服务主要是指由公共科研基金机构提供相应的科研基金及研发规划服务，公共平台服务机构提供开展基础研究与应用研究所需的公共科研平台、设施设备、数据、信息与共性技术等平台型服务，以及相应的知识产权服务机构为科技成果提供包括技术产权转移服务在内的知识产权服务。科技成果转化服务是指为进行创新成果的开发而提供的服务，由相应的科技评估机构提供对基础研究成果的科技评估、鉴定和科技信息咨询服务，公共平台服务机构提供进行创新成果开发与试验所需的数据、信息与高昂的研究设施、试验设备等平台型服务，孵化器等机构提供进行创新孵化所需的场地、配套设施等孵化服务以及知识产权保护服务。科技成果加工服务是指为创新成果进一步改善而提供的一系列服务，主要包括检验检测机构提供的第三方验证与检验检测服务，科技会展服务机构提供的市场展示和推介服务，市场咨询机构提供的市场咨询服务等。应用与产业化服务主要是指为使创新成果尽快进入市场以及进行技术扩散与交易而提供的一系列服务，包括专业营销服务以及技术转移机构为促进技术扩散与交易而提供的技术贸易、技术监督以及知识产权服务等。

五　科技创新公共服务内容界定

（一）公共类的科研基础设施、设备服务及共性技术服务

从创新链来看，处于创新链前端的创新成果开发与加工阶段能给产品带来极高的附加值，也是开展科技服务的动力源泉。如果科技成果中没有创新，不仅产品的附加值会降低，也使科技服务业失去发挥价值的机会。在进行创新成果研发时，科研院所、高校和企业等创新主体专注于研究，对公共类科技创新资源，如开展基础研究与应用研究的公共科研平台、高昂的设施设备以及大量数据与信息的需求过多，而创新资源不足与信息缺失等问题会制约进行创新开发的效果。如果由创新主体自行解决该问题，不仅成本高、效率低，而且公共科技资源由创新个体或科技中介服务机构提供会存在资源浪费与供给不足等问题。为合理配置创新资源，提高创新研发效率，需要依靠政府建设公共科研设施设备平台。对于介于基础研究与应用研究间的共性技术，由于具有超前性、非独占性、共享性、风险性、集成性和社会公益性等特征，属于由基础研究迈向应用研究的“竞争前技术”，是一项复杂的系统工程，单个创新主体难以承担起共性技术开发的重任，依托市场推进共性技术创新受到限制，需要由政府发挥相应的产业共性技术创新体系建设的职能。

（二）技术扩散及基础工艺扩散服务

位于创新链下游的由创新成果推广到应用和产业化阶段是产品实现商品化及产业化的关键阶段，但产品附加值的提升也面临很大的不确定性，在创新产品未得到市场认可前，创新价值的转化也不能实现，因此迫切需要技术交易平台提供技术交易、转移与扩散等服务，使创新成果更好地实现商品化和产业化。技术交易平台集聚了技术、资金、人才、信息等基本的创新要素，需要政府出台相应的扶持性政策，进行税收优惠，进行资金、人力资源与信息技术的扶持促进技术交易平台的建设。

（三）非技术类服务

非技术类服务包括知识产权法规、构建开放共享的科技创新公共服务体系的运行机制服务，如ICT服务。科技创新活动具有投入高、研发周期长、风险大等特点，所产生的创新成果易于被模仿，具有研发外溢。在基础研究与应用研究阶段产生创新成果，在创新成果开发阶段形成的工艺技术开发以及技术交易与扩散阶段均需要有关知识产权服务，

若创新成果不能被有效保护，势必会打击创新者的积极性，知识产权保护服务对科技创新的重要性不言而喻，需要由政府加强知识产权保护的立法，结合创新主体的需求提供相应的知识产权服务。此外，为使科技创新公共服务能够实现开放共享的运行，还需要政府提供相应的体制机制保证，本书以ICT为例，介绍了如何通过ICT服务更好地提高国家创新能力。

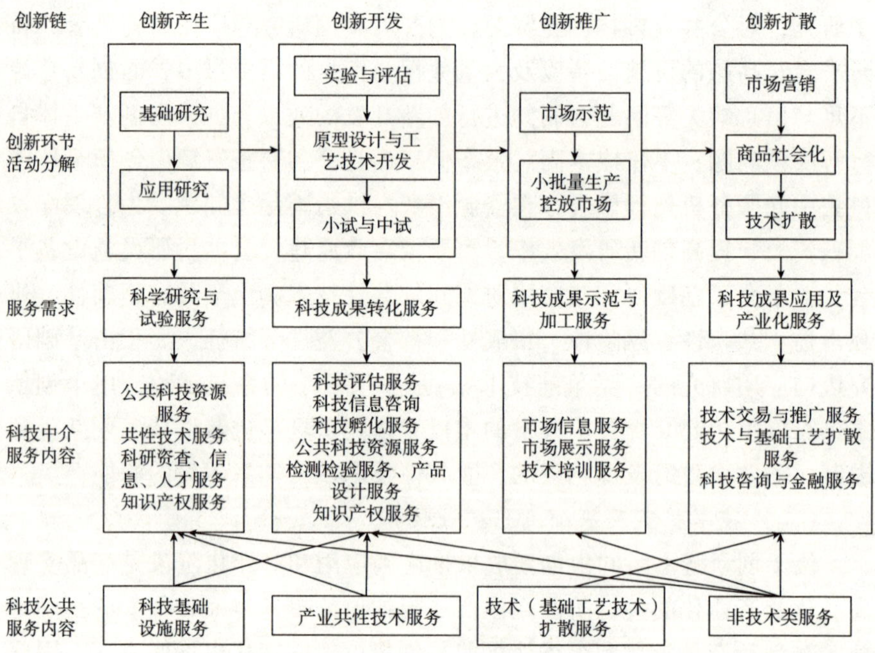

图1-1　科技创新公共服务体系结构

第四节　研究内容和框架

一　主要内容

本书从共性技术服务、科技基础设施建设、基础工艺技术扩散服务体系建设、非技术类公共服务体系（知识产权公共服务及ICT公共服务）四个方面来分析科技创新公共服务体系的建设，首先对有关概念进行明确界定，并结合现状分析、案例分析、实证研究及国外经验借鉴等研究方法系统论述科技创新公共服务体系建设的必要性及重点。在案例分析方面重点论述了美国、德国和日本的国际共性研发组织并进行经验借鉴，实证研究方面重点分析了我国各省市的科技基础设施的运行效率测评及区域差异的比较以及对 ICT 公共服务能力的评价，这些研究对科技创新公共服务体系的建设具有指导意义。

本书的章节安排与研究内容设计具体如下：

第一章是科技创新公共服务体系研究概述。首先介绍当前科技创新公共服务体系建设面临的机遇与挑战，随后对国内外有关文献进行梳理与总结，然后对开放式创新理论、结构洞理论及共生耦合理论进行论述，并对创新链、科技中介服务链及科技中介公共服务内容进行界定，提出了科技创新公共服务建设的重点。

第二章是共性技术供给体系。首先对共性技术的概念、特征、类型及共性技术研发机构类型进行界定，然后对国际和国内的典型共性技术研发组织进行案例分析，并提出我国进行共性研发组织发展的政策建议。

第三章是科技基础设施与创新驱动。首先对科技基础设施的概念及特征、科技基础设施与创新的关系以及我国科技基础设施发展的概况进行论述，其次基于有关数据，设置评测指标对我国科技基础设施及区域创新现状进行分析，并进行区域差异比较，然后采用实证研究方法对我国各省市科技基础的运行效率进行测评，并进行区域差异分析，最后提出构建和优化我国科技基础设施布局的建议和方案。

第四章是基础工艺技术扩散服务体系研究。首先对技术扩散的概念、影响因素及机制进行分析，其次对美国制造业拓展合作伙伴计划 MEP 进行案例分析及经验借鉴，再次从基础工艺技术扩散服务体系的模式构建及能力分析两方面论述基础工艺技术扩散服务体系的模式，最后提出了基础工艺技术扩散服务体系的政策建议。

第五章是知识产权公共服务体系。首先界定知识产权公共服务的内涵、构成要素与结构模块，其次分析当前我国知识产权公共服务现状及存在的问题，最终提出如何构建我国知识产权公共服务体系。

第六章是 ICT 公共服务对国家创新能力影响研究。首先对技术创新理论与国家创新体系理论进行理论回顾，其次对关于 ICT 与国家创新能力以及关于 ICT 公共服务的文献进行综述，然后重点分析了 ICT 对国家创新能力的作用机制及相关关系以及实证研究了 ICT 公共服务提升的路径，并最终得到相应的研究结论与政策建议。

二 技术路线

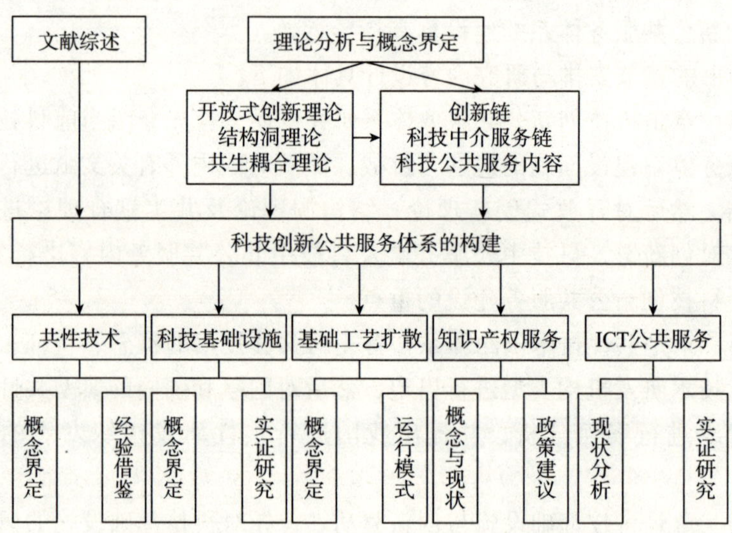

图 1-2 技术路线

第二章　共性技术供给体系

共性技术供给体系是国家创新体系的重要组成部分之一。共性技术研究是处于基础研究与市场开发之间的技术研究阶段，具有竞争前性、可再研发性和影响广泛性等特征。共性技术的研究往往对产业的发展进步呈现出一定的制约性，其合理有效的管理对于提升技术创新能力是大有裨益的。共性技术供给系统的核心组成是共性技术研发组织。共性技术研发组织就是以共性技术研究为主要目的的科研单位。只有共性技术研发组织自身的良好发展，才能推进技术创新扩散和高新技术产业化，支撑一国经济的快速发展。

第一节　共性技术相关概念

一　共性技术的概念

共性技术，是从英文 Generic Technology 翻译而来，“Generic” 的意思是“非特有的、一般的、普通的、通用的”。从字面上来说，“Generic Technology” 指“非仅用于特殊用途的、非专有的、通用的技术”。共性技术第一次被明确定义是在 1988 年美国 ATP（先进技术计划）上：一种有可能应用到大范围的产品或工艺中的概念、部件，或工艺、科学现象的深入调查。美国对共性技术的定义为：共性技术是存在潜在机会的，可以应用于多个产业的产品或工艺的科学事实，这种科学事实具体表现为科学概念、技术组成、产品工艺以及科学调查。

共性技术概念最早由美国国家标准与技术研究院（NIST）的经济学家 Gregory Tassey 和 Albbert Lin 等于 1992 年提出。Gregory Tassey 提出了一个用于科技政策研究的“技术开发模型”，1997 年后被称为“以技术为基础的经济增长模型”。围绕该模型提出了共性技术的概念，并将技术分成基础技术、共性技术和专有技术。自此之后，尽管国际上有通用的称谓，许多国家也将支持共性技术研究作为科技政策的一项重要内容，但国际上并没有一个统一的共性技术定义。

目前国内对共性技术尚无统一的定义，已有的定义主要有以下三种：

第一种定义是从共性技术所处的技术研发阶段出发，即将技术分解为实验技术、共性技术、应用技术和专有技术，或者提出共性技术处于基础研究之后的第二个基础技术研发阶段。第二种定义是从共性技术的影响范围出发，如共性技术是对整个行业或产业技术水平、产业质量和生产效率都会发挥迅速的带动作用，具有巨大的经济和社会效益的一类技术，或者是指在很多领域内已经或未来可能被普遍应用，其研发成果可共享并对整个产业或多个产业及其企业产生深度影响的一类技术。国内目前大多使用这种定义。第三种定义是从涵盖范围方面来界定的，如日本产业技术研究院（AIST）将共性技术定义为：在标准化、测量和标准化技术方面的基础性研究。

理解共性技术的关键在于要抓住其是“竞争前技术”这个关键要素，正因为这些技术是“竞争前”的，不能在短期内通过直接商业化带来财务收益（而不是因为这些技术为行业内所有的企业所需要），所以存在企业投资动力不足等市场失败现象。因而共性技术具有准公共品的属性，需要政府组织以公共物品的形式供给。目前一些国内学者和政策制定者直接从中文译文“共性”（即行业中的企业都需要或者大多数都需要）的意义出发来理解共性技术问题，实际上是对共性技术作为一个学术概念和政策概念的曲解。

二 共性技术的特征

共性技术研究介于基础研究与应用研究之间，与基础研究和应用研究既有联系又有区别，其主要特征是：

（一）共性技术处于竞争前阶段

从科学技术转化为生产力的过程来看，技术商品化经历了基础研究、应用研究、开发研究和工程化等阶段，因此，共性技术是基础科学研究成果的最先应用，是基础研究迈向市场应用的第一步，跨越了应用研究和竞争前的试验发展两个阶段。共性技术是企业专有技术开发和技术产品商品化、市场化的基础。

（二）共性技术有很强的外部性

共性技术研究成果是科学知识的最先应用，其研发成果可为某个产业或多个产业共享，而且其研究成果比应用性研究成果更无形，其外部性强，难以实施知识产权方面的有力保护。正因如此，单个企业不愿或很少投资于共性技术研究，需要政府从资金和政策上予以支持。

（三）共性技术有着高风险性

通过共性技术的研究，进而开发出企业专有技术需要一个创新的过程，这个阶段技术风险、投资风险和市场风险都比较大。美国经济学家唐纳德·埃文斯（Donald L. Evans）通过分析美国社会资本投入科技活动的整个过程，认为共性技术研究阶段风险最大，将其命名为科技投入的“死亡谷”。

（四）共性技术有广泛的社会效益性

共性技术具有公共产品和私人产品的双重性质，称为“准公共产品”。一方面企业在共性技术的基础上开发出专有技术，可以形成自主知识产权，提升企业的核心竞争力；另一方面由于共性技术具有共享性，可以为一个产业或多个产业共享，因此，具有广泛的效益性。一个国家、地区和产业或企业共性技术研发能力强，将有利于形成良好的技术创新平台，促进企业获得竞争前技术，加快技术创新步伐，提高企业的素质。

共性技术的特征决定了它是创新链中的一个关键环节，在创新体系建设和技术转移过程中处于重要位置。创新的范围很广，一般包括新思想、新发明、新产品的概念设计，生产工艺的改进和新的市场发展和其他活动，所有这些创新活动其实可以用“创新链”来说明，其中共性技术涉及创新链的各个环节。由此可见，共性技术是一系列市场开发应用的基础，企业都需要借助共性技术的平台以便进行后续的商业开发，辅助形成企业专有的产品和生产工艺流程。

三　共性技术的类型

从产业共性技术的重要性角度，共性技术可分为基础共性技术、关键共性技术和一般共性技术。基础共性技术是指测量测试和标准等技术，这类技术为产业技术进步提供必需的基础性技术手段；关键共性技术是对整个国民经济有重大影响的技术，这类技术影响面最广，经济和社会效益最明显；一般共性技术是指除上述两种之外的共性技术。

从共性技术应用的层次角度，共性技术可分为产业间共性技术、产业内共性技术、企业内共性技术。产业间共性技术属于国家层次的共性技术，为多个产业提供技术平台，如数字信号处理技术、CAD技术以及ICT、生物、新材料等以科学为基础的技术；产业内共性技术为本产业内部的多个企业提供技术平台，主要为所在产业服务，如钢铁行业的连铸连轧技术、煤矿安全技术，产业内技术一般进入固定的技术轨道，为多个企业的相关产品提供不同应用的技术支撑。这两个层次的共性技术一般统称为产业共性技术。另外，还有企业内的共性技术，特别是企业集团内部的技术，为企业内部多个企业/产品所直接应用。这类技术一般局限于企业（集团）内部，类似技术平台，而且基本不向外部扩散。并认为，横跨产业的共性技术供给问题，可以通过国家一级的共性技术研究机构来解决。而产业内共性技术的供给，可通过政府科技攻关、工程中心、大学、企业联合体和单个企业等多种形式解决。

从共性技术的创新层次角度，可分为产品共性技术和工艺共性技术。产品共性技术可以为一系列产品提供技术支撑，包括较大技术变化的情况和现有的技术基础上的局部改进或者综合集成。工艺共性技术，又称过程共性技术，是指可以服务于多产业/多流程的工艺技术。工艺共性技术同样既包括较大技术变化的情况，也包括对原有工艺的改进所形成的共性技术。

从共性技术确认的时间次序角度，可分为事前共性技术和事后共性技术。事前共性技术在研究开发之前，已经确定该技术为多数个体所需要，能为多个其他技术提供技术基础。这类技术是最容易出现“制度空洞”的，也是最容易出现市场失灵和组织失灵的。事后共性技术指企业、研究院所等在研究开发该技术时并没有意识到该技术为未来的共性技术，但开发成功后，很多个体需要这种技术，能为多种产品服务，成为通用的技术甚至成为行业技术标准，如激光技术。有些事后共性技术可能是事前共性技术的研究开发副产品。

四　共性技术供给模式

共性技术设计不同组织的战略意义，而且处于竞争前的阶段，具有准公共品的特点。目前学术研究中，共性技术供给模式分类还没有形成统一的标准，包含多种供给组织形式，如共性技术服务平台、企业技术联盟、研发合作组织、国家工程中心、工业技术研究院和政府牵头的专项计划等。从研发组织持久性的角度，由弱到强可划分为四种类型：项目组织、产业技术联盟、科研基地、国家共性技术研发机构。

（一）项目组织

项目组织是指以项目方式进行共性技术研发工作而形成的临时性组织，组织形式比较松散，分为网络虚拟组织和实体组织，典型的例子如科技重大专项、科技支撑计划等。项目组织方式的特点是“短、平、快”，具有很好的时效性、目标针对性强。

（二）产业技术联盟

产业技术联盟是指以产业技术进步为目标，以具有共同技术诉求的行业内企业或技术相关性的跨行业企业为主体，结合高等院校、科研院所的研发资源，发挥行业协会的协调功能，在政府产业技术政策指导与规范下，实现优势互补、资源共享、风险共担、产权共享、共同发展、研发合作的技术联盟组织。典型的例子有美国的半导体制造技术研究联合体、TD - SCDMA 产业联盟等。产业技术联盟可以降低创新主体独自技术研发的风险，有利于联盟成员之间的知识共享。

（三）科研基地

科研基地是指由政府或者企业提供主要资金资助，依靠产学研三方合作，大学、科研机构和企业共同进行行业共性技术开发的机构，如各种行业技术开发基地和工程研究中心等。

（四）国家共性技术研发机构

国家共性技术研发机构是指由政府提供主要资金资助，主要进行产业内和产业间关键技术和共性技术研发的单位。一般是以非营利研究机构的方式运行，如德国弗朗霍夫学会和各省市组建的工业技术研究院等。

表 2 - 1　　产业共性技术供给模式比较

供给模式	应用实例		优势	劣势
	国内	国外		
项目组织	科技重大专项、科技支撑计划	欧洲尤里卡计划	灵活、时效性和针对性强	项目组织松散，科研投入不集中
产业技术联盟	TD - SCDMA 产业联盟	美国半导体制造技术联合体	成员构成灵活	成员之间合谋易垄断，协调成本高

续表

供给模式	应用实例		优势	劣势
	国内	国外		
科研基地	国家高性能计算机工程技术研究中心	美国工程研究中心	稳定性强，建立长远的研发机制	企业化运作容易偏离公益性目标
国家共性技术研发机构	深圳先进技术研究院	德国弗朗霍夫学会	保证具有前瞻性和公益性	跨产业和技术变化适应能力弱

共性技术从技术覆盖范围来看可划分为产业间、产业内和企业内三类，而从共性技术发展的阶段来看，又可划分为基础性、竞争前和应用类三种。共性技术具有准公共品的性质，一般由政府来主导发展，随着技术应用，企业也会参与进来，政府和企业合作推进共性技术发展，最后在产品应用时，主要由企业来主导。因此在共性技术发展的过程中，政府和企业承担的责任是不一样的。

政府主导型一般在共性技术发展的初级阶段，即在基础研究层面，技术共享覆盖的范围很广，主要涉及跨产业间的共性技术或者产业内比较基础性的技术，企业无法承担涉及范围较广的共性技术，此时政府介入和扶持的力度就会增加，通过项目资助或者专项资金给共性研究机构进行研发，大部分项目组织、科研基地或者国家共性研发机构属于政府主导的载体。企业主导型的共性技术共享覆盖范围比较窄，相对“公共品”而言私有程度较高，处于技术发展的商业应用阶段，政府主要通过一些鼓励性的政策引导企业内部研发，这些技术很快就可以应用到商品生产流程中，产业联盟或者企业与科研基地的专项合作项目属于企业主导的载体。政企合作型的共性技术一般处于基础性和应用类中间阶段，共享覆盖范围产业内或者企业内部比较重要的技术，政府通过专项资金或者项目资助科研机构，企业参与研发，政府和企业共同推动共性技术的发展，一般政府、学校和企业合资建设的研发基地或机构属于政企合作型的载体。

表 2-2　　政府和企业在不同共性技术下的主导地位

技术类型＼发展阶段	技术性	竞争前	应用类
产业间共性技术	政府主导	政府主导	政府主导
产业内共性技术	政府主导	政企合作型	企业主导
企业内共性技术	政企合作型	企业主导	企业主导

第二节　国际共性技术供给案例分析

本节采用案例研究的方法，选择国际上几个典型的共性技术研发组织，即美国半导体制造技术研究联合体、德国弗朗霍夫应用研究促进学会和日本产业技术综合研究所，从功能定位、组织结构、运营管理及经验总结等方面进行解析，期望通过不同模式的比较分析，找出一些共性的经验借鉴。

一　美国半导体制造技术研究联合体

从20世纪70年代后期开始，日本公司在半导体市场以及半导体制造设备市场所占的份额不断增加，而美国公司所占的份额则不断下降。1987年，美国半导体行业的AT&T、IBM、Intel等11家企业在国防部的引导下成立了美国半导体制造技术研究联合体（SEMATECH联盟），其成立的主要目标是为了夺回美国在半导体行业的战略优势。SEMATECH联盟早期加入的11家创建企业，占据了当时美国半导体市场生产能力的80%以上，其业务范围涵盖了整个半导体产业。1992年，美国在世界半导体市场所占的份额自1985年以来首次超过日本，Intel公司也成为世界头号半导体销售公司。1996年，政府逐步退出联盟。1997年，SEMATECH联盟改变原有仅限国内企业参与的规则，通过建立分支机构来吸收国外企业加入联盟，共同进行产业共性技术的研究与开发。2001年，联盟开始与日本联合制定全球标准。

SEMATECH的主要贡献有三点：一是实现了政府和企业、企业和企业之间的有效整合，提高了联盟整体的研发水平，重新帮助美国夺回半导体行业在全球的战略优势；二是形成了区域经济发展中的集群效应，带动了区域相关产业上下游的快速发展；三是带动了美国的企业革命，大企业纷纷进行组织结构重组，中小企业应运而生。

（一）功能定位

SEMATECH 联盟的目标是为各成员公司共同开发和改进工艺提供一个制造中心，并资助在技术最前沿的研究工作；同时加快技术创新向制造解决方案转移的商业化进程，并通过促进竞争前的合作、实施战略研究和开发、设置全局方向来实现这一目标。联盟成员可以集聚力量，共同研发；并可以共享各种研发资源，分享研发成果。

（二）组织结构

SEMATECH 联盟由一个中心机构来组织管理，管理人员均来自企业界，具体研究项目则由一个全权负责的小组来承担。SEMATECH 这种中心式的管理模式使其兼有自主性和灵活性。SEMATECH 联盟的组织结构见图 2－1，其组织结构可分为四个层级，最上层是首席执行官，负责统领全局，第二层是首席行政官和首席运行官，第三层是技术通信等 7 个下属的研究中心，第四层是研究中心所属的各工作部门。

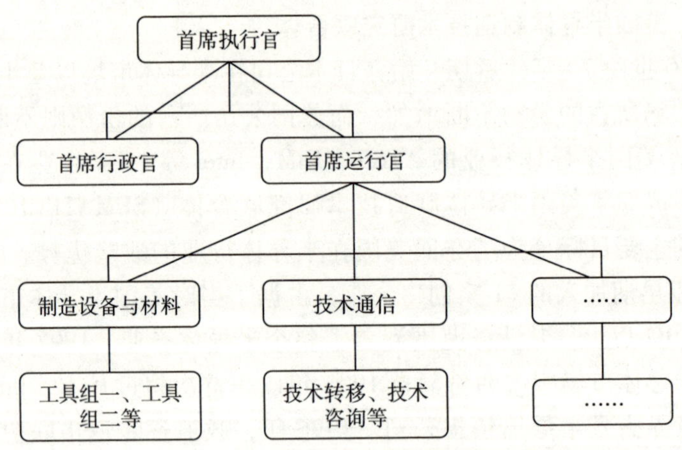

图 2－1　SEMATECH 联盟的组织结构

（三）运营管理

SEMATECH 的运营采取政府和企业合作产业技术创新联盟形式，其紧密联系了美国半导体产业的上下游企业，促进了半导体产业联盟成员之间的紧密沟通和整合。

1. 协调沟通

联盟设有技术顾问委员会，负责整个联盟成员之间的联系和交流。通过定期或不定期地举办技术会议，半导体制造商、大学及政府实验室等参会成员经常聚在一起讨论半导体行业的共性技术等问题，极大地推进了成员之间的密切沟通和协作。

2. 经费投入

采取政府与企业共同投资、共担风险和成本的双主体投资机制。成立早期，联盟每年拥有2亿美元运行经费，此笔经费由美国政府和14家成员公司各承担50%。成员企业还需要将年度销售额的1%作为会员费上缴给联盟，联盟设定了会员费的上下限，以确保成员企业获得平等的会员地位。政府与企业双投资机制，降低了企业成员独自研发的成本和风险，很好地激发了联盟各成员的研发积极性。另外，联盟还通过向联盟外企业转让知识产权获得重要收入。

3. 评估机制

联盟的财务报表每年都需要接受国家审计机构的审核。此外，联盟每年也会聘请第三方专业审计公司对联盟财务进行审计核查。

4. 技术转移

在知识产权保护方面，SEMATECH原来规定，研究成果只有在成员公司独占2年之后才可以向其他非成员公司转让。后来，联盟打破了原来的成员企业独占两年的技术成果的规定，所有技术成果可以自由转移，他人只需缴纳相关转让费或者专利授权费即可。

5. 项目运行

SEMATECH研究工作的推动力来自企业的实际需要，来自企业界的管理人员对企业的技术现状与所面临的问题了如指掌，各成员公司派到SEMATECH的技术专家都是公司的优秀人才，这样他们能将研究项目集中于半导体制造的关键性问题上，并能很快地制定出可行的工作方案，而且研究项目也可以根据情况的变化做出调整。

6. 退出机制

SEMATECH的退出规定明确要求，成员企业在退出联盟前必须提前两年发表公告。明确的退出机制使联盟有足够的时间协调企业与联盟之间的冲突，保持和维护了联盟的稳定性与研发的持续性。

（四）经验总结

SEMATECH 联盟运营的经验借鉴主要有以下三点：第一，清晰的目标。联盟建立之初就确定了清晰的目标，即加快技术创新向制造解决方案转移的商业化进程。这确保联盟成员可以快速达成共识，为共同的目标而努力。第二，企业化运作方式。联盟虽然由政府参与组建，并获得政府的政策和资金支持。但是政府并不参与联盟的运营管理，而采取企业化运营管理方式，从而确保联盟具有自主性和灵活性。第三，政府的大力支持。SEMATECH 成立之初，就获得了政府的资金投入。同时政府还为联盟的发展提供良好的政策环境。比如，美国国会曾先后通过了《国家合作研究法案》和《国家合作研究与生产法案》，以鼓励同一行业的企业组成研发联合体，进行竞争前技术和共性技术合作研发，以及新技术的成果转化。

二 德国弗朗霍夫应用研究促进学会

德国弗朗霍夫应用研究促进学会（以下简称弗朗霍夫学会）是联邦德国政府在第二次世界大战结束不久，为加快经济重建和提高应用研究水平而支持建立的一个公共科研机构，是当今德国政府重点支持的四大科研机构之一，主要开展健康、安全、通信、交通、能源和环境等领域的研究。截至 2019 年，弗朗霍夫学会已下设 8 大学部，拥有 80 多个研究机构和独立的研究团体以及 26600 名科学家和工程师，分布于德国的 40 个地区，全年经费约 26 亿欧元，在俄罗斯、中国和阿联酋等地均设有研究中心和代表处。

弗朗霍夫学会是世界上最高效的技术转移源泉之一，成为德国国家创新体系中的重要一员，成为德国乃至欧洲科技发展的重要力量。学会主要面向各类企事业单位提供各种科技信息和研发服务，并提供具有实用性的产业技术和工艺给需要的企业，有效地促进了德国企业的发展。

（一）功能定位

弗朗霍夫学会是以学会身份注册的独立社团法人，是民办、公助的非营利科研机构。学会将其自身定位概括为六个方面：多学科的研究联盟、创新的推动者、产业界的伙伴、自主和中立的科研组织、以客户需求为导向的产品与服务提供方、科技界与产业界的沟通桥梁等。具体来讲，弗朗霍夫学会主要面向产业界提供技术完善和商业成熟的产品和服务。

（二）组织结构

弗朗霍夫学会的管理体制主要由会员大会、理事会、执行委员会、学术委员会和高层管理者会议等机构组成（见图2-2）。会员大会由学会成员组成，是学会的最高权力机构，每年定期召开一次。理事会是学会的最高决策机构，由会员大会选举产生，成员由来自世界各地的科技界、工业界、商业界和公共部门的杰出人士以及来自联邦政府和地方政府的代表共同组成。执行委员会是学会的日常管理机构，执行委员会的4位成员中有两位是知名科学家或工程师，一位是有经验的商业管理人士，另一位则必须曾在公共服务部门担任过高级管理职务。学术委员会是学会的内部咨询机构，其成员由学会各研究所所长、研究所高级管理人员以及每个研究所选举出来的科研人员代表组成。高层管理者会议是学会管理和运行的协调机构，由执行委员会成员和七个学部的负责人组成，每季度举行一次例会。研究所是学会的基层单位，自主开展工作，并进行独立核算。在学会和研究所之间，还设有“学部”这一层级，其基本功能是协调同一学科领域里不同研究所之间的交流与合作，实现科研资源的共享与高效利用。

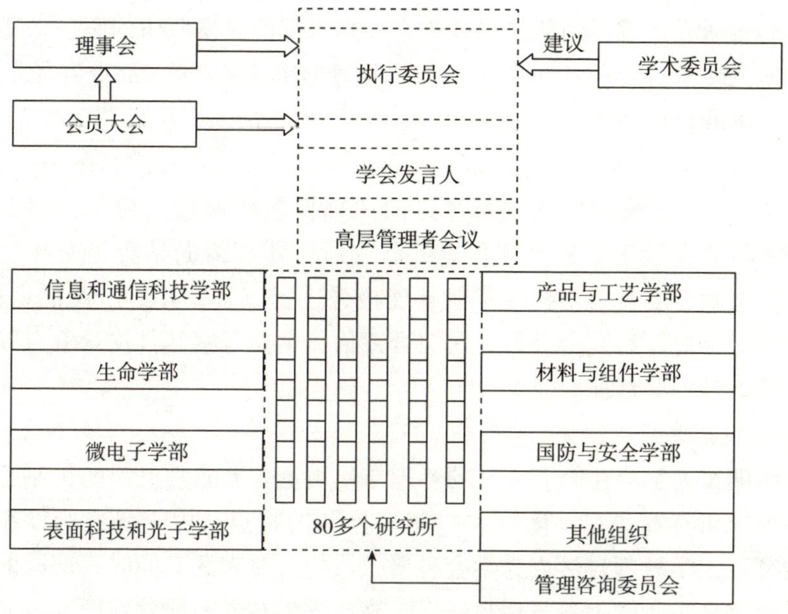

图2-2　弗朗霍夫协会组织结构

（三）运行管理

1. 多元化资金筹措机制

弗朗霍夫学会的研究经费来源于多种渠道，通常分为“非竞争性资金”和“竞争性资金”两大类型。“非竞争性资金”主要包括中央和地方政府及欧盟投入的面向工业和社会未来发展的科技事业基金等；“竞争性资金”则指来自公共部门的招标课题以及与产业界签订的研发合同收入等。来自政府和公共部门的资金，被用于支持前瞻性的研究工作，以确保其科研水平处于领先地位。来自产业界的资金，被用于开展直接面向市场的研究。

2. 合同科研合作模式

弗朗霍夫模式中“合同科研”的合作方式，是被证明了的有效而又便捷的方式，学会通过这种方式为企业特别是中小企业提供了大量富有创新性并具有实用价值的科研成果，取得了“双赢”。2018 年学会全年经费收入超过 25.5 亿欧元，其中约 21.7 亿欧元来自“合同科研”。企业就具体的技术改进、产品开发或者生产管理的需求委托研究所开展有针对性的研究开发工作，并支付费用。研究开发工作一旦完成，成果立即转交到委托方手中。通过“合同科研”的方式，客户享有弗朗霍夫学会各研究所雄厚的研发科技积累和高水平的科研队伍的服务，通过研究所的多学科合作，企业可直接、迅速地得到为其“量身定做”的解决方案和科研成果。

3. 独特的评估机制

弗朗霍夫学会根据与政府签订的“确保科研质量”协议，对学会以及所属研究所工作实施评估。各研究所每年度需向学会提交年度报告，学会执行委员会委托专家对年度报告进行审查，并给出评价意见。学会每五年对各研究所进行一次综合评估，主要考察其科技竞争力以及完成战略计划的情况。

4. 灵活的用人机制

弗朗霍夫学会在研究人员的管理与使用上有着非常灵活的机制。学会研究队伍有着“多元化”和“年轻化”的特点。由于研究所设在大学内部，大学教师自然成为学会科研人员的重要来源。同时，德国的科研机构允许吸收学生参与项目研发，这些学生在参与研发的同时，还要开展学术研究。另外，学会还面向社会招聘项目研究所需要的各类专门人才。学会对于科研人员的管理则具有“流动性”和“项目化”的特点，实行固定岗与流动岗相结合的管理方式，这种用人制度使科研人员的流动非常频繁。

5. 依托知识产权的技术创新

创建一笔知识产权专利的资金，鼓励和确保学会有关知识产权的项目得以实施，并且积极奖励工作人员研发出专利，实施专利战略，以专利来推动技术创新。

（四）经验总结

弗朗霍夫学会的经验借鉴主要有以下几点：第一，清晰的定位。德国科研体系主要有高校、独立研究机构、企业科研机构三部分。三者分工明确、协调一致，并以法律形式保持基本稳定。弗朗霍夫学会属于德国独立科研机构，其以制约产业发展的共性技术研究为核心，明确的定位让其摆正了适合自身发展的位置，在产业技术发展中扮演着关键的角色。第二，企业化运作管理。从管理体制和运行机制上看，弗朗霍夫学会均体现出很强的企业化运作特点。学会的管理架构，很好地借鉴了现代公司的组织模式：会员大会作为学会的最高权力机关，相当于公司的股东大会；理事会是学会的最高决策机构，相当于公司的董事会；执行委员会负责学会的日常管理工作，相当于公司的经理层；学术委员会作为学会的最高咨询机构，相当于公司的监事会；高层管理者会议相当于扩大的经营班子会议。在运行机制上，学会形成了包括“合同科研”的合作机制、“民办公助”的多元化投入机制、开放完善的专利保护使用机制等在内的弗朗霍夫模式，其中都蕴含着现代企业的运作理念。

三　日本产业技术综合研究所

2001 年 4 月 1 日，原通产省工业技术院所属的 15 个国立研究所并入新组建的独立行政法人——日本产业技术综合研究所（National Institute of Advanced Industrial Science and Technology，AIST）。截至 2018 年 7 月 1 日，AIST 现有专职研究人员 2331 人，分属于能源环境（17%）、生命科学（13%）、信息与机械设备（14%）、材料与化学（17%）、电子与制造（15%）、地质海洋（10%）、计量与标准（14%）7 个学科领域。另有外聘研究员 233 人，博士后 243 人，技术人员 1549 人，专职行政人员 699 人。此外，还有兼职研究员 5356 人，其中来自大学 2446 人，企业 1867 人，其他法人机构 1043 人。

AIST 作为最大的技术研究机构，其研究集中在生物技术、化学、电学、地质学、信息技术、力学、材料物质、计量学等领域，注重纯粹的科学发现的应用和商业化，注重各学科间的研究和发展。

(一) 功能定位

AIST 在共性技术供给中扮演了一个积极的角色：拓展基础性、独创性重要议题研究，从事竞争前阶段产业共性技术研发，采取委托计划制度方式推动共同合作研发。AIST 重点进行 "full research"，即从基础研究到新产品开发应用发展之间的中间过程（即共性技术阶段），也同时进行基础研究和实验发展研究。

(二) 组织管理

AIST 研究单位分为研究中心、研究机构、研究所三个研究特性不同的单位，其组织结构见图 2-3。

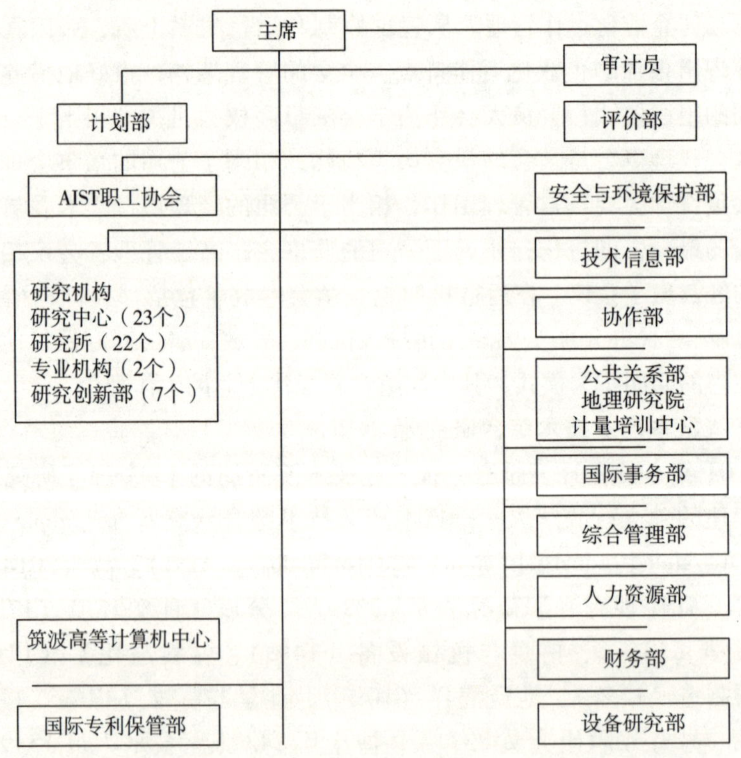

图 2-3 日本产业技术综合研究所组织架构

（三）运行机制

1. 独立行政法人制度

AIST 以企业方式运作，组织更具柔性：①组织内无固定编制的员额限制，可集中人力资源投入重点领域的战略性研究开发；②组织内下辖的研究所无政府机构管理限制，资源整合便利，研究领域交流融合，研究组织极具弹性；③组织内的研发经费不受会计法及国有资产法限制，可以跨年度使用。

2. 自主化管理方式

AIST 积极推行权力民主化，倡导自主化管理，营造开放和谐的科学研究氛围，主要表现在以下几个方面：①组织倡导理事长和研究单位主管之间的直接交流，每年研究单位主管需在和理事长直接沟通后递交项目研究计划。②研究单位主管有着充分自主权，其绩效由内外部评估部门评价。③研究单位设置可依据研究战略进行调整（包括研究单位的终止、合并或新建）。④研究单位研究员同主管直接交流，订立研究目标和计划，每年终期递交个人评估报告以备参考。

3. 技术转移机制一体化

AIST 针对技术转移的整个流程，积极全方位、多角度地推进技术成果的产业化。AIST 在各研究据点设立官产学合作部门，进行密集的人才交流；并在 AIST 下设立专业化中介机构 AIST innovations（TLO），专门负责其研究成果的技术授权业务，使研究机构与企业之间的技术转移更为顺畅。AIST 还特别成立创业孵化部门，营造种种有利环境，促进新创企业发育成长，以新创企业带动日本新兴产业的发展，使研究成果落实在产业上，促进知识产业化。创新的母体在于科研院所和产业两者，而在创新过程中扮演重要媒介功能的非 TLO 及创业孵化机构莫属，其在日本的产学合作推进、新兴产业诞生、中小企业支持及区域产业发展等一系列政策流程中的重要作用已获得充分的认识。

（四）经验总结

AIST 的经验借鉴主要有以下几点：第一，研究机构的高度柔性化。AIST 是独立行政法人机构，按照企业模式运作，理顺了机构的内部治理结构，并实行自主化管理，具备了一般公共研发机构所不具备的柔性和高效率。组织构成要素能够相互协调作用，以使组织和能力在适应性、开拓性和竞争性上有着更充分的表现是组织柔性效果的反映。AIST

研究单位分为研究中心、研究部门、研究室三个研究特性不同的单位，按照研究计划可以进行合并、调整，确立了灵活、高度机动性的研究体制；人力方面，AIST突破了固定员额限制，具备更大的自主权和开放性。AIST经费可以跨年度使用，方便研究计划的规划与调整，有利于集中资金于重要研究计划；AIST有更多的资金使用自主权，用以改善整个研究机构的研究环境，吸收更多的一流科学家。第二，研究系统的网络化、国际化。AIST注重官产学研部门之间的网络构建，充分利用国内研发资源。AIST与国内外大学进行共同研究，邀请大学教授担任客座研究员，并吸纳大量博士生及博士后研究员，一方面可以充分利用大学丰富的智力资源，另一方面可以为人才的培养提供一个有力的平台，吸收优秀人才为AIST服务。AIST不仅积极与世界一流研究机构及大学进行合作研究计划，而且积极推进科研人员的国际交流。AIST聘用外国研究员、邀请外国研究人员来AIST访问、派遣研究员到国外研究机构及大学研究访问等，以确保对先进技术、新兴共性技术资讯的掌握。

四 国际共性技术供给体系的经验借鉴

通过以上三个典型共性技术供给组织的案例分析，可以分别从政府、企业两个角度总结出以下经验借鉴。

（一）政府应在共性技术供给体系建设中发挥引领作用

由于共性技术是竞争前技术，存在企业投资动力不足等市场失灵现象。因而共性技术研发组织建设中需要政府发挥重要的引领作用。尤其在共性技术组织建设初期，宜采用政府主导型的共性技术研发模式。政府应着重优化共性技术研发组织的发展环境，并提供必要的资金支持。比如，德国弗朗霍夫协会30%左右的资金来源于中央政府和地方政府，美国SEMATECH在初期也有政府稳定的资金投入。同时，政府对共性技术研发组织的支持应该分阶段，在建设前期适宜以大力支持、深度介入为宜，而在中后期则应降低介入深度。如美国SEMATECH案例中，政府在中后期就逐步退出了其运营管理，从而更好地发挥企业的运营管理灵活度。

（二）企业应在共性技术研发供给系统建设中发挥重要作用

案例表明，企业应当在共性技术研发组织的组织设置、运行发展、项目选择等关键阶段发挥重要作用。比如，SEMATECH是政府引导下的企业技术联盟。SEMATECH 的管理人员全部来自企业界。SEMATECH 的动力来自企业的实际需要，来自企业的员工能将研究项目集中于关键问题上，可根据产业情况的变化而及时调整。在服务对象上，SEMATECH 主要是面对联盟内的成员公司，当然后期也涉及联盟外的技术转移工作。

弗朗霍夫协会面向中小企业。学会的决策层理事会，其构成包括产业、学术和政府等部门的优秀代表。执行委员会的 4 名成员中，其中要有一位有经验的商业管理人士通过合同科研方式与企业界合作，与产业界的研发合同收入是学会两大资金来源之一。每 5 年一次的各研究所综合评估中，评估委员会的成员由来自学术界、产业界和公共部门的专业人士共同组成。

（三）共性技术供给体系发展经验借鉴

首先，清晰明确的定位是共性技术研发组织生存发展的关键。这包括两个方面：一是自身属性的定位，应当是非营利性质的。这是由于共性技术具有其特殊性，共性技术的研究和开发是一个非营利性的，这样才能找好自己的产业技术发展位置，一方面不仅仅只为纯研究，另一方面不因参与市场丢失目标，使科研机构的知识力量和产业实际发展合理衔接起来，以保证共性技术研发机构的属性不会改变。二是自身技术研发的定位，要从整体区域、国家的层面上找准自身的技术研发定位，清晰的定位可以使其能够成为产业技术发展中的重要平台，有效整合资源，维持自身长久发展。共性技术研发组织应是知识生产类中介的典型代表，高效开发共性技术，并通过各种方式向企业提供技术转移。

其次，高效的管理体制是共性技术研发组织生存发展的基石。这也包括两方面：一是要有独立的外部管理体制，应当是独立于政府与企业之外的法人科研机构，可以使研发组织在自主管理、自我运作基础上，能够根据市场信息和市场需求合理设置课题，使“目标诱导性研究”成为紧贴市场的基本准则和主要形式。从用人角度看，也可以根据需求自主招聘各类所需人才。二是在内部管理体制上，应当强调资源共享、灵活多变。对共性技术的研究，往往多涉及跨学科领域，这就需要共性技术研发组织的结构有利于各学科、部门间的合作研究，合力解决问题。此外，为保证共性技术研发组织能够灵活快速地回应外界的需求，其组织结构应该实行决策机构与执行机构相分离的制度，如德国弗朗霍夫协会，其最高决策机构是理事会，日常管理机构则是执行委员会。

最后，可持续发展是共性技术研发组织生存发展的必由之路。共性技术组织要增强服务意识，促进科技成果转化。应把以研发促服务，以服务促发展，坚持研发与服务并重，作为共性技术研发组织发展的宗旨。做到业务对象多样化，不仅为广大的中小企业服务，更应为区域的产业集群的发展提供支撑，实现政府“输血”与自身“造血”的紧密融合。可以采取技术转移、成立衍生公司、孵化企业等多种方式推动技术的转移，推动科技与产业的有效结合，实现自身价值。

第三节　国内共性技术供给体系分析

一　国内共性技术政策分析

2006 年通过的《国家中长期科学和技术发展规划纲要》和 2016 年《“十三五”产业技术创新规划》以及 2017 年《产业关键共性技术发展指南》等，将重点扶持的对象放在共性技术的创新方面。

2010 年 10 月 10 日，国务院发布《国务院关于加快培育和发展战略性新兴产业的决定》。为了使战略性新兴产业的培育与发展得到更好的促进，政府在党的十八大、十八届三中全会、中央经济工作会议当中多次强调了战略性新兴产业共性技术创新的重要性和紧迫性，以及发布了《产业关键共性技术发展指南（2011、2013、2015、2017）》《战略性新兴产业关键共性技术推进重点（第一批）（2012）》等文件，聚集全社会的力量以此来解决制约战略性新兴产业发展的共性技术供给不足的问题，使政府能够支撑、提升、引领和带动共性技术创新。《产业关键共性技术发展指南（2017 年）》共提出优先发展的产业关键共性技术 174 项，其中，原材料工业 53 项、装备制造业 33 项、电子信息与通信业 36 项、消费品工业 27 项、节能环保与资源综合利用 25 项。《中国制造 2025》纲要中提出支持在相关领域展开产业技术基础公共服务平台建设，2016 年共有 19 家单位当选第一批产业技术基础公共服务平台，其中包括机械、电子、通信、化工、有色、轻工、建材、航天、航空、冶金、纺织 11 个行业。

2017 年，17 家单位当选第二批产业技术基础公共服务平台，包括

11 家试验检测类和 6 家信息服务类机构。2019 年，26 家单位当选第三批产业技术基础公共服务平台，包含 22 家试验检测类和 4 家信息服务类机构。

当前，我国的共性技术创新政策对环境型和供给型政策工具的应用较为看重，然而在需求型政策工具的应用方面尚有欠缺；与国外相关政策相比，我国共性技术政策支持的重心下移，侧重于对应用性共性技术层面的引导支持。由政府当面扶持的共性技术研究基本上都在各式各样的科学技术计划里面，还没有成为比较系统化的体系。

从我国现在的共性技术创新政策的数量可以得出以下结论：

在 75 条的共性技术创新政策当中，其中有 29 条主要是服务于基础性公共技术，占全部共性技术政策数量的 38. 7%；其中，服务于应用性公共技术的有 46 条，比重为 61. 3%。从以上的政策数量对比以及相应的比重来看，当前我国共性技术创新政策的重点还是放在应用性公共技术这一方面。这一结果与其他的发达国家重视基础性公共技术相比较，更能凸显出我国对于这一方面的重心偏向问题。

（一）重视环境型和供给型政策的应用，需求型政策存在一定缺陷

更为重要的是，在环境型和供给型这两种政策方面，应用最为广泛且频繁的是“法规管制”“金融支持”以及“基础性设施建设”。就这一点来看，在需求型的政策当中，却只有 2 条对“政府采购”有所涉及，然而更多的是“服务外包”，“贸易管制”这一方面是欠缺的。

（二）共性技术政策忽视以产业为导向

在我国三种产业当中都有着共性技术创新政策的相应内容。同时，加以重视战略性新兴产业的共性技术发展问题，却忽视了以产业为导向的原则。我们应该时刻清醒地认识到共性技术的最终目的是用来投放在市场上的。然而，就目前我国的共性技术项目选择和政府支持当中，占据主要地位的仍然是政府或者科学家来确定共性技术路径的方式。对于企业而言，企业对共性技术的需要并没有获得充足的反映，这也就进一步导致了一部分高校或者科研院所的研究与企业所需要的现实要求容易脱轨，严重阻碍了科研成果转化为企业产品。相应地，政府将资金分散在各个领域，这在很大程度上限制了财政资金的使用效率，对于重点的共性技术的突破也就更加困难。在以后制定共性技术创新方面的政策，要注意两个方面：其一是进一步强调以产业为导向，将主要力量集中在

重点行业关键共性技术的突破问题上。其二是政府需要进一步完善相应的财政资金的杠杆作用，通过变革共性技术创新组织模式和运行机制，推动社会资金和私人资本对共性技术的投入。

（三）共性技术创新政策的关键点由基础性公共技术向应用性公共技术转变

这两个方面的共性技术，都需要进一步的创新和衍变来形成具有竞争性的产品技术，进而实现经济和社会价值。但是如果从产品技术的关联性这个方面来讲，具有不同层次的共性技术发展到产品技术的成本，以及在技术与市场这两个方面的不确定性还是有着较大的差别。所以，对于层次不同的共性技术的政策支持目标，支持的相应力度以及主导的机制也会有相应的改变。就目前这种情况来说，我国忽略了因层次不同的共性技术政策的设计与实施的差异。甚至有些研究认为，在企业一些自由目标的发展要求下，由政府所支持、引导的目标会变革得愈加弱化。所以，从制定共性技术创新政策这一方面来说，还是应该针对我国当前的国情以及共性技术的层次特点，逐步建立、完善符合公共财政原则的政策支持体系。

战略性新兴产业共性技术在创新过程中主要存在以下三个问题：一是将更多的时间与精力放在了技术与产品的开发与结合方面，忽视了对共性技术开发目标的总体规划和实施，弱化了共性技术的创新过程；二是在共性技术的路径选择方面没有以市场为导向，企业所要求的现实需要并没有充分地显现出来，进一步导致了供给与需求之间有着一定差距，这会使创新成果的产业化面临着巨大的阻碍；三是那些合作创新的组织机构缺乏必要的相互信任的制度与相应的保障机制。在管理模块上，块状管理，各自为政，会阻碍在基础性、关键性的共性技术研究中的亲密合作，很难取得重大突破。

到目前为止，政府在进一步推进战略性新兴产业共性技术创新中还存在三点需要改进的地方。

1. 国家对战略性新兴产业共性技术的创新意图不强

当前，由我国政府支持、引导的战略性新兴产业共性技术的研究项目大多分布在各类科学计划当中。虽然，这能够体现出我国政府重视共性技术，但是在国家层面上并没有一个产业关键共性技术的总的发展战略，负责的主体单位和支持的相应计划也时常处于发散的状态，重点不够突出。在供给方面，供给总量缺乏和供给效率较低，政府支持、引导的共性技术创新的目标与意图并没有充分地体现出来，压制了战略性新兴产业追求只以技术进步为导向的内涵发展过程。

2. 相应的战略性新兴产业共性技术的政策体系没有得到完善

当前正处于市场经济的转型过程中，政府从产业关键共性技术当中退出得较快，这会使很多促进共性技术研究的政策没有得到落实，进一步出现了共性技术研究开发的空缺现象。虽然政府长久以来积极推动产学研相结合的创新模式，希望借此实现战略性关键共性技术的突破，可是相应的产学研的法律法规并没有制定、实施，进一步导致了这种模式的知识产权的归属问题、利益分配问题得不到相应的法律法规保障，限制了进一步的发展。与此同时，中央和地方的科技政策“加大战略性新兴产业关键共性技术创新的投入”虽然被多次强调，可是在具体的实施过程中，计划经济体制下的政府直接从事产品的开发与生产的这种方式，从根本上来说还是没有得到改变，支持共性技术进一步创新的财政资金也就降低了，新兴产业的竞争力并没有得到较为有效的提升。

3. 在新兴产业共性技术创新的专项资金支持方面，缺乏持续稳定性

战略性新兴产业共性技术创新一般来说关联到许多技术领域，而且它的开发周期较长，这也就需要长期的、持续的努力和积累，所需要的资金较大。当前，我国的各种研究计划，例如自然科学基金对那些需要长期的、稳定的、持续的资金支持的战略性新兴产业共性技术创新提供专门的资助还是较为困难的，虽然我国财政对技术创新的投入是在不断加大的，但是专门的对共性技术的支持仍然较小、较缓，严重制约着战略性新兴产业共性技术创新的顺利展开。

二　国内共性技术供给体系分析

目前我国的共性技术研发供给体系形成了如下四个渠道：①科技计划。如科技规划、科技攻关计划、“863”计划等，都支持共性技术的研发。②转制院所和国家级企业技术中心。比如转制后的科研院所以及在一些大中型企业中设立研发中心，加强行业共性技术开发。③科研基地。在全国布局的依托高校、科研院所和高校等设立的国家重点（工程）实验室、国家工程（技术）中心。④地方供给体系。地方省市逐步探索创办适应本区域特色发展的一些研究机构，如产业技术研究院等。概括起来可以分为国家级共性技术研发组织和地方共性技术研究院。

国家级共性技术研发供给体系主要包括国家重点实验室、国家工程研究中心及转制院所等传统共性技术研发组织。其中有代表性的是国家工程研究中心和转制院所。

（一）国家级企业技术中心

国家工程研究中心是国家发展和改革委员会按照产业结构升级优化的需求而组建的，其依托主体单位包括大学、科研院所和企业，主要是进行工程化研究和开发产业关键共性技术，加快成果转化。目前我国有超过120个的国家工程研究中心。工程研究中心主要集中在国家层面，都是根据国家及行业需求而建设的，与地方区域结合不强。其建设领域较窄，规模较小，重复建设比较严重，没有能力进行强的行业共性技术和关键技术研究与开发。在技术扩散方面，国家工程研究中心面临着技术独占性问题；在经济方面，企业参与较少，与企业合作不足；在人才方面，人才流失严重，缺乏合理的学科、能级梯队式分布的人才结构。

（二）科研基地

我国建立的共性技术科研基地，虽然在数量上有很大程度的提高，但是一些科研力量较为分散、分布不均匀，不利于集中科研人员从事共性技术研究活动。首先，在功能地位上，由于共性技术科研基地是沟通科技和产业的桥梁，数量众多的工程（技术）研究中心纷纷建立起来，不仅国家发改委、科技部建立起工程（技术）研究中心，中科院和地方省市也相继建立各种中心，如此一来，各种重复无序建设大大限制了中心的工程化研究，削弱了其共性技术研究能力。

其次，在宏观组织管理上，目前的共性技术科研基地是依托于具体的建设单位而设立的，比如行业或领域内科技实力雄厚的重点科研机构、科技型企业或高等院校。共性技术具有准公共物品性质，共性技术在研究中具有不确定性和投资中的风险性，共性技术是很难在短时间内开发出来的以及随之产生的经济效益不太明显，一些共性技术科研基地不太愿意承担共性技术的研究。另外易造成科研基地对共性技术的独占性，共性技术成果很多不是直接向行业扩散，而是直接通过依托单位进行后续研发，形成商品化产品，偏离了国家组建共性技术科研基地的初衷。在基地考核方面，由于所依托的建设单位主要是从事科研性质的，上级主管部门在考核时，往往会侧重于研究成果、学术论文的发表，而对于共性技术成果向整个产业供给以及技术辐射的效果并不十分重视。

最后，在微观组织管理和运行机制上，整体而言，产业界的参与程度不高。在规划制订、资金投入、人员配备等方面，企业参与机会不多。共性技术是竞争前技术，是后期向产业链扩散的技术，需要来自产业界的人员参与、配合，和企业进行有效沟通。目前，还没有建立起针对企业所需的共性技术的征询机制。因此，需要尽快在宏观设计和规划中完善相关的机制，解决企业参与的关键性问题。

（三）地方产业技术研究院

我国内地产业技术研究院建设起步于20世纪末期。1998年，北京市政府与清华大学共同组建成立北京清华工业开发研究院，成为国内第一个产业（工业）技术研究院。之后在2005年左右，陕西工研院、西北工研院、广州中科院工研院、中国科学院深圳先进技术研究院等相继成立。在2008年国际金融危机爆发后，一批产业技术研究院应运而生。按主要依托单位和建设主体，我国产业技术研究院已经形成了三种主要模式：大学主导型、科学院主导型和政府主导型。西北工业技术研究院等属于大学主导型，中科院深圳先进技术研究院等属于科学院主导型，华南精密制造技术研究开发院等是比较典型的政府主导型技术研究院。截至目前，我国涌现出一批不同类型的产业（工业）技术研究院，主要集中在东部与西部地区（见表2-4）。

表2-4　地方技术研究院

名称	成立时间	依托单位	共建单位	类型
北京清华工业开发研究院	1998年8月	清华大学	北京市政府	高校主导型
广州中国科学院工业技术研究院	2005年10月	中国科学院	广州市政府	科学院主导型
华南精密制造技术研究开发院	2005年11月	佛山市禅城区政府	广东科技厅、佛山市	政府主导型
陕西工业技术研究院	2005年12月	西安交通大学	陕西省政府	高校主导型
西北工业技术研究院	2005年12月	西北工业大学	陕西省政府	高校主导型

续表

名称	成立时间	依托单位	共建单位	类型
中国科学院深圳先进技术研究院	2006 年 2 月	中国科学院	深圳市政府	科学院主导型
海西工业技术研究院	2006 年 8 月	福建省政府		政府主导型
中科院物理所苏州技术研究院	2006 年 12 月	中科院物理所	苏州市高新区	科学院主导型
昆山工业技术研究院	2008 年 3 月	昆山市政府		政府主导型
厦门产业技术研究院	2009 年 12 月	厦门市政府		政府主导型
上海紫竹新兴产业技术研究院	2010 年 1 月	上海交通大学	上海闵行区政府、紫竹科学园	高校主导型

经过多年的探索和发展，我国的产业技术研究院已初见成效，并在发展过程中取得了一定的成绩，已探索出多种新的发展模式、运行模式和实现形式，为产业技术研究院的实践与发展提供了现实的借鉴与经验参考。

首先，立足自身地方区域优势及需求是产业技术研究院发展的立足点。立足区域工业基础、市场基础、科教智力资源及产业战略、区域战略的发展需求，实现自身发展与区域发展的互动，是产业技术研究院发展的立足点，也决定着产业技术研究院发展的空间和产业化实施能力。如佛山精密院、深圳先进院和西北工研院，都是扎根于当地，依托区域优势和需求才得以发展壮大起来的。

其次，独立运行、市场化运作是实现良性循环发展的重要基础。通过建立决策独立、预算约束、市场化运作机制，进一步优化和明晰产业技术研究院与高校院所、政府、企业在人、财、物、权、责、利等方面的关系，是产业技术研究院实现良性循环发展的重要基础。如佛山精密院作为独立法人机构，采取市场化运作，依据市场需求开展项目研究，并按照企业管理模式发展。

再次，开放合作是产业技术研究院良好的发展模式。立足区域、面向国际，积极以合作伙伴、协议等方式加强与政府、高校院所、企业、协会组织、各类专业人才的开放式合作，是产业技术研究院整合行业资源、提高决策水平、推进技术创新与产业化、加强公共服务的重要模式选择。如深圳先进院与香港高校建立合作关系，推进成果产业化，全球聘请高水平人才。

最后，机制体制创新是产业技术研究院不断向前发展的根本动力。依靠体制机制创新，打通各类创新资源及产业发展要素充分对接的通道，进一步加速人才、知识、技术、资本的流动及融合是产业技术研究院持续发展的根本动力。

我国产业技术研究院在发展水平以及政府引导等方面也存在一些问题。首先，产业技术研究院自身的支撑、引领作用有待提升。目前我国产业技术研究院在发展总体上处于探索阶段，主要是在点上的、单项技术、单项产品突破，缺乏一批创新能力强、产业组织方式及实施方式成熟、规模大、针对性强、影响力广，能够从整体性、系统性、超越性等角度带动产业发展的产业技术研究院。其次，政府对产业技术研究院的管理及引导水平有待提升。在产业技术研究院的引入、建设及发展过程中，需改变头重脚轻、有形无神、大量建设、分散支持的开发建设方式。在创建初期、中长期的支持方式有待完善，支持力度有待加强，支持重点有待聚焦，评价体系有待建立和完善。

三　我国共性技术供给体系政策建议

（一）发挥政府组织引导作用推进产业共性技术进步

政府可发挥资源配置、组织协调等方面优势，支持和引导共性技术的研究开发，使之符合政府的产业政策从而促进特色产业发展。在组织形式方面可选择民间机构为主体，提高技术创新的市场响应能力和运作效率。汲政府之力、取民间之长，采取官、产、学、研、金联合推进特色产业共性技术开发较为适宜。一方面，政府要增加对共性技术研究开发的投入，政府对技术创新的支持将定位于产业研究和前竞争开发阶段，因而对共性技术研究开发的投入将成为政府支持产业发展的重要手段。另一方面，政府的职责是要从特色产业整体发展的高度把握技术发展方向，制定相关政策，产业共性技术发展重点的确定，要充分体现以市场为导向，充分吸纳产业界意见；选择和培育开发机构给予资金支持，并进行必要的协调和督促；具体技术开发的事项全权交由企业化运作的开发或生产机构负责，政府不直接参与管理。

（二）制定和完善产业共性技术政策

应制定和完善产业共性技术政策，设立共性技术开发专项计划，建立共性技术研发基金，引导和扶持共性技术研究。将产业共性技术政策作为产业技术政策的重点和核心，明确产业共性技术政策在国家科技政策中的重要作用，实施产业共性技术发展战略，科学选择产业共性技术的方向和重点，完善相关配套政策和法规。政府通过一系列标准和方法对产业共性技术进行选择和评价，引导和促进经济主体进行产业共性技术研究，从而推进产业技术进步。

设立产业共性技术研究开发计划。国家目前有知识创新工程、“973”计划、“985”计划、自然科学基金等基础研究类的科技计划或专项。国家“863”计划主要限于高技术的研究，国家科技攻关计划支持面较广，强度较弱。因此，为体现政府的主导作用，建议调整国家科技计划支持的内容和重点，设立产业共性技术研究开发计划专项，对列入计划专项中的项目予以拨款支持，引导和鼓励合作研究开发共性技术，促进共性技术的供给和扩散。

政府企业可以联合设立“共性技术发展基金”，以财政资金为引导，通过相关政策，如税收优惠措施、“谁投资，谁受益”的基金管理原则，引导和激励企业的资金投入。同时，拓宽融资渠道，吸收社会资金，解决长期困扰共性技术研究投资不足的问题。基金支持项目的选题采取招标办法，主要来自成员企业。

（三）建立多层次的产业共性技术研发组织体系

应建立多层次的产业共性技术研发组织体系。一是建立国家技术研究院，职责是加强与高校、企业的合作，承担基础性共性技术和关键性共性技术的研究，促进共性技术向产业界扩散。同时，各省市也可设立地方研究院，加强一般性共性技术的研究，为共性技术向地方企业特别是中小企业扩散创造条件。二是整合国家工程研究中心和国家工程技术研究中心。选择一批基础好、在行业内有重要影响且已建立良好运行机制的国家工程研究中心和国家工程技术研究中心进行整合，建立合作机制，加大财政投入力度，增强其持续创新能力，使其成为行业共性技术的研究和扩散基地。三是充分发挥转制科研院所的作用。积极鼓励和引导院所与企业合作承担共性技术研究课题。四是以企业为主体组成共性技术联合研究体。五是行业内国有企业之间加强技术合作，建立共性技术研究开发合作体和企业技术联盟，进而吸引高校和其他企业参与研究。六是加强产业共性技术研究开发技术支撑平台建设，重点包括科学研究开发的基础设施建设。

（四）完善各方利益协调机制

由于共性技术研发过程中涉及的主体众多，而各个主体之间存在不同的利益追求，因此在不同主体间如政府与企业、企业与科研机构之间往往会产生一些信任、风险分担等利益协调的问题。在共性技术研发中必须坚持市场机制，以互惠互利的原则在各主体间形成利益的纽带。充分发挥政府组织的力量，协调各方之间的责任、权利、义务关系，明确研发成果的知识产权政策以及分享机制，朝着共同的目标前进。

第三章　科技基础设施与创新驱动

第一节　科技基础设施相关概念

一　科技基础设施的概念

2016年，国务院发布《国家创新驱动发展战略纲要》，强调科技创新是提高社会生产力和综合国力的战略支撑，必须摆在国家发展全局的核心位置。党的十九大进一步提出，加快创新型国家建设，创新是引领发展的第一动力，是建设现代化经济体系的战略支撑。创新需要良好的基础设施条件支撑，科技基础设施不仅是国家创新体系的重要组成部分，也是创新的物质基础和保障。

对于科技基础设施的概念和构成，学者从不同角度进行了界定。Weiss和Birnbaum（1989）最早提出科技基础设施的概念，认为科技基础设施是便利企业技术进步和产品生产的基本要素。彭洁和涂勇（2008）、赵伟和彭洁（2007）从系统论角度出发，认为科技基础设施是用于各类科技和研发活动的工具和信息及其物质、技术支撑、场地和服务的基础条件，是科研和创新的一种环境，包括物质和信息基础、组织形态和人文环境三个层次，根据其对科技创新支持方式的不同将科技基础设施分为实验观测型、科技基础材料和信息保障型、技术服务型三大类。李平（2014）、段福兴（2015）等认为，科技基础设施是专属于开展科技活动的基础设施，是进行科学研究、科技管理等活动的基础条件、物质和信息保障，从构成上包括物化投入和知识投入两部分，即科技物力基础设施和科技信息基础设施。

从具体构成上看，科技基础设施主要包括大型科技设施、科技基础数据库、自然科技资源库、科技文献资源库、信息网络基础设施等

（郑江锋，2004）。瑞士洛桑国际管理开发研究院发布的《国际竞争力年度报告》中，科技基础设施分为科学基础设施和技术基础设施两部分（王海燕，2003）。Laranja（2009）将科技基础设施划分为先进技术基础设施和基本技术基础设施，前者服务于研发和高新技术产业，后者服务于中低技术企业。国内学者多数将科技基础设施看成是一个整体或一个系统，提出应从科技投入、科技产出、科技发展环境等方面评估一个区域的科技基础设施发展水平。

与科技基础设施类似的概念包括研究基础设施、科技基础条件、科技基础条件平台等。美国在科技基础设施建设方面处于领先地位，美国国家科学理事会将研究基础设施作为一个术语的定义是，为了满足科学和工程界的需要或是为了科学家完成他们的研究任务所提供的必要的工具、服务、设备装置（刘闯，2004）。科技基础条件是指支持科技创新的物质和信息保障，主要包括大型科技设施及装备、实验室、科技文献资料及科技基础数据、科技规范和标准、生物种质资源及标本等各种硬件和软件（国家科技基础条件平台建设战略研究组，2006），主要涉及物质保障、信息保障等硬环境建设以及制度保障、人才队伍建设等软环境建设，这些资源大多数依托于具体的科研单位，但可以通过共享等方式为全社会的科技活动提供支撑。《国家中长期科学和技术发展规划纲要（2006—2020年）》指出，科技基础条件平台是在信息、网络等技术环境下，由研究实验基地、大型科学设施和仪器设备、科学数据与信息、自然科技资源等组成，通过有效配置和共享，服务于全社会科技创新的支撑体系。

随着技术的进步，人们对科技基础设施内涵的认识不断深化，科技基础设施的内涵也从最初的物质基础设施，逐渐扩展到信息基础设施、人文基础设施、科技创新环境等。

综合国内外学者的研究，本书对科技基础设施的概念界定为，科技基础设施是指一个区域内用于科学研究、技术研发、成果应用、科技服务等各类科技活动的基础条件，是用于保证国家或地区科技活动开展的公共服务系统。

二　科技基础设施的特性

科技基础设施具有基础性、公共性、共享性、重要性等特性。

（一）基础性

科技基础设施是专属于开展科技活动的基础设施，具备基础设施的一般特征和属性。科技基础设施是社会公众、科研机构以及企业进行科技活动和研发的物质基础，在区域和国家的创新能力、技术进步和经济增长方面发挥着重要的基础性作用。科技基础设施是支撑创新性国家建设的基础，在区域和国家经济和科技发展中处于基础性、前瞻性的战略地位。加强对科技基础设施的建设和供给，有助于发挥科技基础设施在促进科技创新和经济增长方面的基础性功能。

对于国家重大科技基础设施而言，其影响范围和作用已经超出了科技范围，在科学研究、新材料研发、生物医药开发、防灾救灾、信息获取与传输等社会、经济和国家安全领域发挥着重要作用，并逐渐成为国家科技实力和综合国力的重要体现，成为赢得科技、产业和国家安全先发优势的重要基础（朱鹏舒，2017）。

（二）公共性

科技基础设施是某一个区域或产业共有的基础，是为了提供企业的科技创新和技术研发构成的公共服务体系，具有公共物品的部分特征，但不完全是纯公共物品。科技基础设施不是完全无偿使用，属于准公共物品。科技基础设施涵盖的内容非常广泛，不同层次、不同产业和不同技术的特征有很大的不同，有一部分如一些重大公共设施接近于公共物品，具有非竞争性或非排他性，可以为某一区域内的不同人员和企业所共享。还有一些属于准公共物品，具有有限的非竞争性和非排他性，服务某一特定产业或某类企业，主要为不同产业的某一类企业所共享。

科技基础设施中的大型科技设施，例如国家级实验室和科学仪器中心，主要服务于重点高校和科研机构，使用上具有较强的排他性和竞争性。科技基础数据库，主要由科技基础数据和科学实验数据组成，服务对象不但包括大型院校和科研院所，也包括其他机构和社会公众，使用上具有较弱的排他性和竞争性。自然科技资源库具有较弱的排他性和较强的竞争性。科技文献资源库、信息网络设施等，服务对象广泛，排他性和竞争性都较弱（郑江锋，2004）。

正是由于科技基础设施的公共性，科技基础设施的建设需要政府的资助与扶持（Blind and Grupp，1999），科技基础设施的运行需要考虑到资源配置有效性和运行效率的问题。高效的投入机制和开放共享的运行机制是科技基础设施发展过程中非常关键的问题。

（三）共享性

由于科技基础设施属于准公共物品，因此其具有共享性特征。开放共享性是科技基础设施公共服务特性的体现。推动科技基础设施的开放和共享，提高科技基础设施使用效率，更好地发挥其科学效益和社会效益，是科技基础设施运行过程中的重要问题。2014 年 11 月 5 日，科技部等联合多个部门制定了《国家重大科技基础设施管理办法》，提出对于国家重大科技基础设施的管理，坚持“开放共享”的原则。新修订的《科学技术进步法》，明确规定利用财政性资金设立的科学技术研究开发机构，应当建立有利于科学技术资源共享的机制，促进科学技术资源的有效利用，这从法律层面对科技资源共享做出了规定。在科技平台的共享方面，国际社会以美国、欧盟、日本和印度等国家近年来奉行共享战略，建立和完善共享制度，并已经形成了一整套共享规范（高亮，2014）。美国联邦政府以法律法规形式，强调国家实验室科技资源的开放共享。因此，美国国家实验室面向全球开放科研资源，包括独有的大型科研设备，集聚了大批访问学者和“设备用户”（Facility Users）碰撞思维，协同创新，这也有效提升了国家实验室的学术水平和国际声誉。

高等学校和科研院所拥有大量的科研基础设施，原来主要服务于院校内部教学和科学研究使用，使用效率较低。为了推进高等学校科研基础设施和科研仪器的全面开放、充分共享，提高科研设施与仪器使用、配置的效率和效益，2015 年 12 月，教育部办公厅出台了《关于加强高等学校科研基础设施和科研仪器开放共享的指导意见》，开放共享的目标在于：一是加强开放共享，服务创新。要加快推进高等学校科研设施与仪器在保障本校教学科研基本需求的前提下向其他高校、科研院所、企业、社会研发组织等社会用户开放共享，并提供专业化服务，实现资源共享，充分释放服务潜能，支持创新创业，支持小型微型企业发展，为实施创新驱动发展战略和创新创业提供有效支撑。二是合理配置资源、提高效率。促进高等学校统筹管理现有科研设施与仪器，合理布局新增科研设施与仪器，避免重复建设和购置，杜绝闲置浪费现象，切实提高科研设施与仪器的利用效率和效益。

随着共享经济的发展和渗透，通过共享提供资源配置效率的理念得到认同，作为共享经济在科技研发服务领域的典型代表，易科学是国内首家市场化运营的“互联网+科技研发”服务平台，2014 年正式商业化运营，聚集著名高校、科研院所、第三方检测机构及科技服务企业等单位顶尖实验室的科技资源（包括科学仪器、实验服务、专家学者、科技成果等），为科研团队及研发企业提供仪器共享、实验外包、检验检测及科技众包等服务。国家发改委等八部门于 2017 年 7 月出台了《关于促进分享经济发展的指导性意见》，意见指出要大力推动政府部门数据共享、公共数据资源开放、公共服务资源分享，增加公共服务供给，提升服务效率，降低服务成本。完善相关配套政策，加大政府部门对分享经济产品和服务的购买力度，扩大公共服务需求。鼓励企业、高校、科研机构分享人才智力、仪器设备、实验平台、科研成果等创新资源与生产能力。

近年来，我国在推动科技基础设施共享方面取得了积极的进展，但是与发达国家相比，仍然存在一定差距。这些问题严重制约了科技创新活动的广泛和有效开展。建立有效的共享制度和机制是科技基础设施建设取得成效的关键。推动科技基础设施的开放共享，有助于解决我国目前科技基础设施资源不足、资源利用率不高、运行效率低下、发展不平衡等问题。

（四）重要性

科技基础设施是基础设施的重要组成部分，在推动人民科学素养提升、推动企业科技创新、推进高新技术产业发展方面发挥着重要的作用，对提升国家创新能力和科技综合实力、促进区域和国家经济社会发展等具有重要的战略意义。

科技进步成为推动经济社会发展的主导力量，科技基础设施的建设日益受到重视，世界各国纷纷把重大科技基础设施的建设和发展作为提升国家创新能力和竞争力的重要举措。近年来，各个国家纷纷积极扩大科技基础设施建设，制订科技基础设施的中长期发展规划，优化和健全其科技创新环境，抢占科技创新战略和重大前沿技术的制高点。2013 年 2 月国务院颁布了《国家重大科技基础设施建设中长期规划（2012—2030 年）》，指出重大科技基础设施是突破科学前沿、解决经济社会发展和国家安全重大科技问题的物质技术基础。欧盟 2011 年制订了《地平线 2020》规划，开发面向 2020 年以后的世界级科研基础设施，预算约 800 亿欧元，囊括了欧盟各个层次的重大科研项目。2013 年德国制定了大型科研基础设施路线图，涉及深海科考船、大气研究基础设施、医学研究装备和计算机模拟以及人文和社科等领域的研究平台。英国2010年制定的《国家基础设施规划》中，提出要重点加强低碳经济、数字通信、高速交通系统和科学基础研究等方面的科技基础设施建设，计划投资总额超过2000亿英镑（罗宇航，2015）。

三　科技基础设施与科技创新公共服务

创新驱动指经济增长主要依靠科学技术的创新带来的效益来实现集约的增长方式，用技术变革提高生产要素的产出率。人才是创新的核心要素，企业是创新的主体。从微观上而言，创新驱动是指企业主要依赖个人的创造力，通过技术研发、知识产权开发、管理和商业模式创新等创新活动获取发展动力。党的十八大提出的实施创新驱动发展战略，就是要推动以科技创新为核心的全面创新，增强科技进步对经济增长的贡献度，形成新的增长动力源泉，推动经济持续健康发展。“十三五”时期是深入实施创新驱动发展战略，加快建设创新性国家的关键时期。我国经济发展已经进入新常态，结构优化和动力转换的任务十分迫切，加快国家科技基础设施建设，将为培育新动能、发展新经济提供重要支撑。科技基础设施在我国总体发展战略中具有基础性、前瞻性和战略性作用，是提升自主创新能力、支撑创新性国家的重要支撑。

《国家创新驱动发展战略纲要》指出，科技创新与制度创新、管理创新、商业模式创新、业态创新和文化创新相结合，推动发展方式向依靠持续的知识积累、技术进步和劳动力素质提升转变，促进经济向形态更高级、分工更精细、结构更合理的阶段演进。国家力量的核心支撑是科技创新能力。

科技基础设施是科技创新公共服务系统中的重要构成部分，在科技创新公共服务中具有基础性的作用，科技基础设施与创新之间存在相互影响、互为因果、双向互动的复杂关系。

（一）科技基础设施是区域和国家提升科技创新能力的基础

创新活动的开展和创新能力的提升离不开科技基础设施相关软硬件条件的支持。大型科学仪器中心、国家实验室等科研机构为科学技术研究工作的顺利进展提供了相应的科研场地、科研工具等物化性的资本投入，也是相关创新主体引进、模仿、消化和吸收外来先进技术的物质保障和基础。科技基础设施与国内外高水平大学、科研院所、企业等各类创新主体的协同合作日益深入和广泛，以及重大科技基础设施与国家科技计划、国家重大工程的衔接配合，有力地促进了创新资源的优化配置。

（二）科技基础设施建设为聚集和培养科技创新人才提供了平台和软硬件条件

国家重点实验室、工程中心等重大科技基础设施是高素质科技人才的聚集地，为科技人员间的交流沟通和协同创新，信息资源和知识的交互传播、扩散和融合提供了平台。依托重大科技基础设施，可以聚集大批高端科技人才，凝聚和培养一批国内外顶尖科学家和研究团队，以及高水平工程技术和管理人才。

（三）科技基础设施是创新链条中的重要节点

以互联网技术为例，本身就是一项伟大的技术创新，而现在信息网络基础设施则逐渐成为科技基础设施中最重要的构成之一，并催生了诸多商业创新和科技创新。科技前沿的突破、技术创新和前沿的发展越来越依赖于科技基础设施的支撑。

（四）科技基础设施的发展和建设也带动了本领域和相关领域的科技创新

对于一些大型的科学仪器和实验平台，这些设施的改进和发展不仅仅局限在本领域范围内，而且往往涉及许多相关学科。相应地，在对这个基础设施进行研发和建设的过程中，能够带动本领域和相关领域的科技创新，并促进相关产业的发展。对于一些重大科技基础设施的建设和运行，可以衍生大量新技术、新工艺和新装备，加快高新技术的孕育、转化和应用，并有利于更好地促进产业技术进步、破解经济社会发展中的瓶颈性科学难题。技术创新和产业发展越来越需要重大科技基础设施提供强大动力。

第二节　科技基础设施发展

一　我国科技基础设施发展概况

（一）科技基础设施资源分布

我国科技基础设施的资源主要包括大型科学仪器设备、国家实验室和工程技术中心等研究实验基地、自然科技资源、科学数据和文献资源、网络科技环境和各类服务平台等。

国家实验室是以国家现代化建设和社会发展的重大需求为导向，开展基础研究、竞争前高技术研究和社会公益研究，积极承担国家重大科研任务的国家级科研机构，目前主要依托国家科研院所和研究型大学。国家重点实验室包括试点国家实验室、依托于院校建设的国家重点实验室、依托于企业建设的国家重点实验室、军民共建的国家重点实验室、港澳国家重点实验室伙伴实验室、省部共建的国家实验室培育基地。

目前我国各类国家重点实验室总数达到397家，其中正在运行的试点实验室6个，依托于院校建设的国家重点实验室共259个，依托于企业建设的国家重点实验室99个，军民共建的国家重点实验室14个，港澳国家重点实验室伙伴实验室18个，省部共建的国家实验室培育基地100个。其中国家重点实验室按地域分布于25个省、自治区和直辖市，企业国家重点实验室按地域分布于23个省、自治区和直辖市。国家重点实验室的区域分布非常不平衡，主要分布在教育资源集中的北京和上海市。

截至2016年年底，我国国家工程技术研究中心达到347个，包括分中心在内为360个，分布在全国30个省、自治区和直辖市，如图3－1所示。其中东部地区213个，中部地区61个，西部地区62个，东北地区24个，分别占国家工程技术研究中心总数的59.17%、16.94%、17.22%和6.67%。其中行业和领域分布如图3－2所示。从数据可以看到，国家工程技术研究中心分布非常不平衡，主要集中在东部地区。

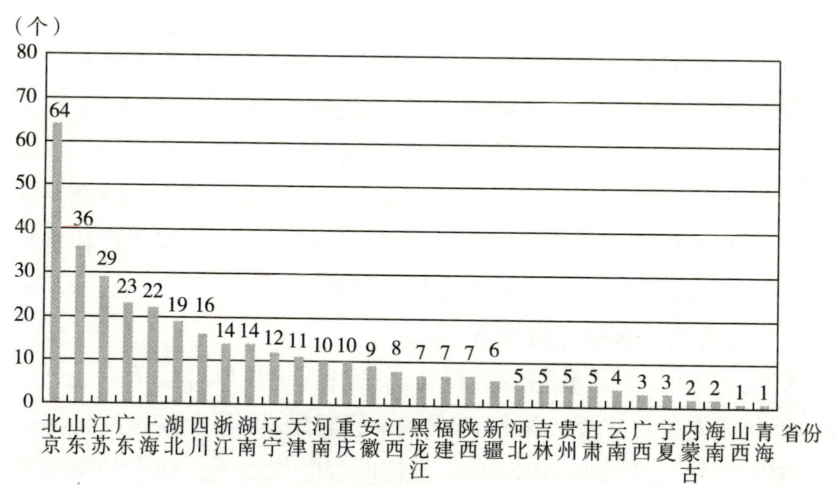

图3－1　国家工程技术中心区域分布

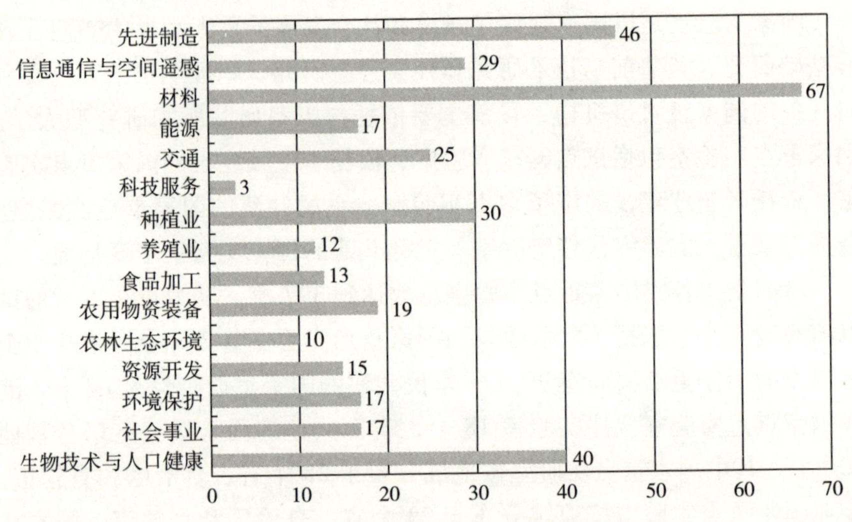

图3-2 国家工程技术中心按领域分布

国家实验室以国家现代化建设和社会发展的重大需求为导向，开展基础研究、竞争前高技术研究和社会公益研究，积极承担国家重大科研任务，产生具有原始创新和自主知识产权的重大科研成果，为经济建设、社会发展和国家安全提供科技支撑，对相关行业的技术进步做出突出贡献。我国国家实验室概念经过近二十年的探索，已形成了“面向国家目标和紧迫战略需求的重大领域”“立足引领未来发展的战略制高点”等新共识，在推进“双一流”建设和提升我国科技实力方面，都具有举足轻重的战略支撑作用。制度要素是组织运行的关键因素，运行机制直接影响着国家实验室的作用和效能发挥，决定着实验室的生命力，然而国家实验室在国家创新体系中的定位和与依托单位的关系尚不明确，国家对国家实验室建设的财政支持机制也尚未建立和健全。未来需要通过制度探索实践，形成符合中国国情的国家实验室建设和管理办法，力争在重大创新领域引领世界科技发展。

（二）关键技术领域的布局

“十三五”以来，我国重大科技基础设施建设取得显著进展，加快向体系化方向发展。投入运行和在建设施总量近40个，总体技术水平基本进入国际先进行列，500米口径球面射电望远镜、托卡马克核聚变研究装置等一批设施全球领先。粒子物理和核物理、空间和天文科学等优势领域的设施建设进一步巩固和发展，工程技术、地球系统与环境科学等薄弱领域明显加强，设施布局明显优化。北京、上海、合肥等地初步形成集群化态势、具有一定国际影响力的设施群。依托设施开展了蛋白质研究、磁约束核聚变研究、拓扑与超导新物态调控、宇宙结构起源研究、个性化药物研制等大量国际顶尖水平的科研工作，支撑完成了载人航天、探月工程、新药创制、大型客机研制、核心电子器件研制、高分辨率对地观测等有关国家重大科技任务，取得了四夸克物质发现、重大流行病跨种传播机制、磁约束聚变等离子体稳定控制等一批原创科技成果，推动我国高能物理、等离子体物理、结构生物学等领域部分前沿方向进入了国际先进行列，设施支撑科技创新的能力明显增强。设施建设和运行催生出重离子治疗癌症、低温超导材料规模化制备等一批高新技术，在突发自然灾害的监测与评估等方面发挥了重要作用，解决了高速列车研制、濒危野生生物种质资源抢救性保存、农作物基因改良等一批关系国计民生和国家安全的重大科技问题，促进了相关产业技术水平的提高。

2013 年，国务院制定了《国家重大科技基础设施建设中长期规划（2012—2030 年）》，提出到 2030 年，基本建成布局完整、技术先进、运行高效、支撑有力的重大科技基础设施体系。根据重大科技基础设施发展的国际趋势和国内基础，以能源、生命、地球系统与环境、材料、粒子物理和核物理、空间和天文、工程技术 7 个科学领域为重点，从预研、新建、推进和提升四个层面逐步完善重大科技基础设施体系。

为加快推动“十三五”时期国家重大科技基础设施的建设布局，进一步强化国家重大科技基础设施对经济社会发展、国家安全和科技进步的支撑保障作用，2017 年 1 月国家发展改革委会同教育部、科技部、财政部、科学院、工程院、自然科学基金会、国防科工局和中央军委装备发展部编制了《国家重大科技基础设施建设“十三五”规划》。规划提出，到 2020 年，重大科技基础设施建设和运行总体技术水平进入国际先进行列，运行和使用效率整体达到国际先进水平，一批设施的技术指标居国际领先地位；薄弱领域设施建设明显加强，优势方向进一步巩固和发展，支撑前沿科技领域开展原创性研究的能力显著增强。投入运行和在建设施总量 55 个左右，基本覆盖重点学科领域和事关科技长远发展的关键领域。规划指出，以能源、生命、地球系统与环境、材料、粒子物理和核物理、空间和天文、工程技术 7 个科学领域为重点，从启动建设、筹备论证、探索预研、完善提升四个层面，推动国家重大科技基础设施布局建设和发展。

（三）重大科技基础设施进展

"十三五"期间，我国重大科技基础设施建设呈现出"技术更先进、体系更完整、支撑更有力、产出更丰硕、集群更明显"的发展新态势。

技术更先进表现在越来越多的设施技术水平进入全球领先行列。比如，2016 年 9 月，被誉为"中国天眼"的 500 米口径球面射电望远镜落成启用，受到国内外的高度赞誉，入选了习近平总书记 2017 年新年贺词。

布局更完整表现在粒子物理和核物理、空间和天文科学等我国设施建设的传统优势领域得到巩固和发展，工程技术、地球系统与环境科学等薄弱领域明显加强，为更多学科向世界先进行列迈进创造了条件。

支撑更有力表现在设施支撑完成了载人航天、探月工程、新药创制、大型客机研制、核心电子器件研制、高分辨率对地观测等国家重大任务，解决了高速列车研制、农作物基因改良等一系列重大科技问题，推动了我国高能物理、等离子体物理、结构生物学等领域部分前沿方向进入了国际先进行列，在支撑科技跨越发展方面的不可替代作用越来越明显。

运行更高效表现在设施管理运行更加规范，开放共享水平显著提高，集群化、集约化发展趋势更加明显，有力地促进了学科交叉融合、技术综合集成，有力地推动了产学研协同创新，有力地保障了重大科技成果产出。

"十三五"时期推进重大科技基础设施建设的指导思想，即以提升原始创新能力和支撑重大科技突破为目标，以健全开放共享和协同创新机制为保障，瞄准科技前沿与聚焦国家战略需求相结合、统筹设施布局与推动重点突破相结合、推进设施建设与提高产出效益相结合，加大投入力度，强化动态调整；循序滚动实施，加快建设完善重大科技基础设施体系，全面提升设施建设水平和运行效率，为深入实施创新驱动发展战略和建设世界科技强国提供有力支撑。

2017 年 11 月，国家明确在现有试点国家实验室和已形成优势学科群的基础上，组建国家研究中心。现经专家论证，科技部已批准组建北京分子科学等6个国家研究中心。国家研究中心主要面向世界科技前沿、面向经济主战场、面向国家重大需求，聚焦符合科学发展趋势且对未来长远发展产生巨大推动作用的前沿科学问题，聚焦可能形成重大科学技术突破且对支柱产业结构升级和经济发展方式转变产生重大影响的基础科学问题，聚焦学科交叉前沿研究方向，开展前瞻性、战略性、前沿性基础研究，成为具有国际影响力的学术创新中心、人才培育中心、学科引领中心、科学知识传播和成果转移中心。国家研究中心作为适应大科学时代基础研究特点组建的综合交叉型国家科技创新基地和国家科技创新体系的重要组成部分，对于提升我国国家科技创新能力、加快建设世界科技强国具有重要意义。

二　我国科技基础设施存在的问题

我国科技基础设施建设近年来取得了长足的进步，但是仍然存在如下问题：

（一）总体规模较小，布局有待完善

由于起步较晚、投入有限等原因，我国科技基础设施在总体规模和数量上与发达国家还存在较大差距，一方面总体规模较小，供给不足，在一些关键领域和方向上仍然缺少布局。另一方面缺乏整体布局，在科技基础设施建设中存在多头管理、重复建设问题。

（二）我国科技基础设施区域分布不平衡

由于科研院所、人才和资金集中在东部发达地区，国家重点实验室、国家工程技术中心、国家重大科技基础设施等大多分布于东部经济发达省份，区域分布非常不平衡。

（三）没有形成集群化和规模化发展

现代科学研究日益复杂，学科分化与交叉融合加快，科学领域越来越多的研究活动需要相互协作，重大科技基础设施具有集群效应，集群有利于多学科、多领域、多主体协同开展前沿研究。我国科技基础设施数量有限，还未形成依托重大科技基础设施群的多学科、综合型、大型科学基地，协同效益和综合效益尚未发挥出来，对相关产业能力提升和经济社会发展的辐射带动作用有限。在2016年6月印发的《国家创新驱动发展战略纲要》中，提出要适应大科学时代创新活动的特点，针对国家重大战略需求，建设一批具有国际水平、突出学科交叉和协同创新的国家实验室。

（四）科技基础设施运行效率低下

科技基础设施建设已逐渐发展到由以资源建设为主转向以运行服务为主的阶段。由于管理制度等原因，我国目前的科技基础设施利用率和共享程度都较低，存在重视拥有量，轻视使用效率问题。

第三节　我国科技基础设施与创新能力的区域差异比较

一　评测指标、数据和方法

科技基础设施是科研活动的物质基础和信息保障，根据科技基础设施的内涵，结合数据的可得性，从科技物质基础设施和科技信息基础设施两个维度选出有代表性的7个指标。采用区域创新能力衡量科技基础设施对创新驱动的作用，具体指标如表3－1所示。考虑科技基础设施运行的滞后性，科技基础设施的数据采用2014年的数据，创新产出的数据采用2015年的数据。

表3－1　我国科技基础设施及区域创新能力指标

变量类型	评测指标	变量说明
创新驱动	区域创新能力	地区综合科技进步水平
科技基础设施	科技物质基础设施	研发机构数
		科学仪器设备数量
		万人科技经费资产性支出
		万人科学仪器设备原值
	科技信息基础设施	人均拥有公共图书馆数量
		有线电视广播用户数比重
		互联网普及率

本书选取指标的数据主要来源于2015年的《中国科技统计年鉴》和中国科技统计信息中心发布的《中国主要科技指标数据库》以及2016年的《中国统计年鉴》。采用《2015年中国区域科技进步评价报告》中的区域综合科技进步水平指标作为区域创新能力的衡量指标。

分析步骤为：利用 SPSS9.0 软件，首先运用因子分析法构建科技基础设施的量化指标，整体上把握我国不同地区科技基础设施的发展现状，揭示我国科技基础设施的空间分布情况；二是利用因子得分情况，对我国科技基础设施及创新能力进行分层聚类分析，了解我国科技基础设施的空间分布特征，为我国科技基础设施布局优化提供参考，寻找针对性的改进策略。

二　我国科技基础设施和创新能力发展现状评价

为了消除不同量纲的影响，首先使用 SPSS 对数据进行无量纲化处理。

对因子分析法进行相关检验。首先，指标变量的相关系数矩阵显示，变量间的相关系数都比较高，线性关系较强。其次，对所有变量进行 KMO 与 Bartlett 球度检验，KMO 值为 0.714，满足 Kaiser 标准；根据 Bartlett 球度检验结果，概率为 0.000 小于显著性水平，与单位矩阵有显著差异。以上说明适合采用因子分析。

按特征值大于 1 的原则提取公因子，以保证提取的因子基本反映原始指标所包含的全部信息，因子载荷矩阵方差最大化正交旋转，结果如表 3－2 所示。两个因子的方差贡献率达到 87.863%，第一个因子在前四个变量上具有较大载荷，方差贡献率为 50.652%，反映了科技基础设施中的机构、设备等物化部分，命名为科技物质基础设施；第二个因子方差贡献率为 37.211%，在后三个变量上具有较大载荷，反映了科技基础设施中的知识和信息等资源，命名为科技信息基础设施。

表 3－2　　旋转成分矩阵

变量	成分	
	1	2
科学仪器设备数量	0.946	
万人科技经费资产性支出	0.929	
万人科学仪器设备原值	0.912	
研发机构数	0.865	
人均拥有公共图书馆数量		0.917
有线广播电视用户数比重		0.893
互联网普及率		0.825

进一步以各公因子的方差贡献率作为权重计算各省份科技基础设施的评价得分，排序结果如表 3 - 3 所示。

表 3 - 3　各省份科技基础设施及创新能力因子及综合评价

省份	科技物质基础设施	排名	科技信息基础设施	排名	科技基础设施	排名	区域创新能力	排名
北京	5.075	1	2.160	1	3.374	1	1.948	2
上海	-0.103	16	1.662	2	0.566	2	2.027	1
广东	-0.008	10	1.309	3	0.483	3	1.346	5
山东	0.399	3	0.118	9	0.246	4	0.540	7
江苏	-0.040	13	0.681	7	0.233	5	1.448	4
四川	0.685	2	-0.470	24	0.172	6	0.300	12
辽宁	-0.018	12	0.474	8	0.167	7	0.338	11
陕西	0.305	4	0.005	10	0.156	8	0.531	9
浙江	-0.571	26	0.959	4	0.068	9	0.977	6
福建	-0.442	24	0.749	6	0.055	10	0.187	13
天津	-0.632	29	0.888	5	0.010	11	1.809	3
山西	0.052	7	-0.060	11	0.004	12	-0.213	17
黑龙江	0.191	5	-0.259	15	0.000	13	0.083	14
湖北	0.054	6	-0.157	13	-0.031	14	0.523	10
吉林	-0.190	19	-0.080	12	-0.126	15	-0.400	19
湖南	-0.078	15	-0.311	19	-0.155	16	-0.068	16
新疆	-0.227	20	-0.224	14	-0.199	17	-1.138	29
安徽	-0.015	11	-0.614	26	-0.236	18	-0.021	15
江西	-0.155	18	-0.425	22	-0.237	19	-0.717	22
广西	-0.146	17	-0.463	23	-0.247	20	-0.912	25
河北	-0.274	22	-0.297	18	-0.249	21	-0.755	24
河南	0.008	9	-0.705	27	-0.258	22	-0.558	20
内蒙古	-0.328	23	-0.287	16	-0.273	23	-0.719	23
甘肃	0.014	8	-0.841	31	-0.306	24	-0.399	18
云南	-0.071	14	-0.819	30	-0.341	25	-1.137	28
海南	-0.572	27	-0.287	17	-0.396	26	-0.968	26
贵州	-0.247	21	-0.788	29	-0.419	27	-1.157	30

续表

省份	科技物质基础设施	排名	科技信息基础设施	排名	科技基础设施	排名	区域创新能力	排名
重庆	-0.483	25	-0.475	25	-0.421	28	0.538	8
青海	-0.712	30	-0.314	20	-0.477	29	-0.978	27
西藏	-0.598	28	-0.726	28	-0.573	30	-1.788	31
宁夏	-0.874	31	-0.404	21	-0.593	31	-0.669	21

从科技基础设施综合排名中，北京、上海、广东、山东、江苏、四川、辽宁、陕西、浙江、福建、天津、山西 12 个省市的得分为正数，表明其科技基础设施发展高于全国平均水平，其中东部 9 个，中部 1 个，西部 2 个。北京以绝对优势排在第一位，上海、广东虽然分列第二、三位，但是得分远低于北京。排在中间的多为中部省份，排在后面的绝大部分为西部省份。这说明我国科技基础设施的分布按照东、中、西呈现出明显的阶梯结构。

在科技信息基础设施方面，排在前面且高于全国平均水平的分别是北京、上海、广东、浙江、天津、福建、江苏、辽宁、山东、陕西，与区域经济发展水平和创新能力呈现出基本一致的分布，经计算，其与创新能力的相关系数高达 0.836，这说明科技信息基础设施和创新驱动之间存在一定的耦合关系。

科技物质基础设施方面，排在前面且高于全国平均水平的分别是北京、四川、山东、陕西、黑龙江、湖北、山西、甘肃、河南，除了北京之外，经济发展水平和创新能力较强的上海、广东、江苏、浙江等省份排名并不非常靠前，科技物质基础设施与经济发展水平和创新能力之间呈现出明显的非线性的关系，经计算，其与创新能力的相关系数仅为 0.415。这种结果表明：首先，区域经济发展水平和创新能力的提升更多地依靠知识和信息等非物质资源，而对科技物质基础设施的依赖度相对有所弱化，科技信息基础设施是科技基础设施驱动创新的主要推动力量；其次，尽管黑龙江、湖北、山西、甘肃、河南等省份的科技物质基础设施投资处在全面前面，但是受制于产业结构、科技信息基础设施、人力资源等因素的限制，其运行效率并不高。

三 我国科技基础设施和创新能力发展的空间差异性比较

为了清楚地把握我国科技基础设施发展和创新能力之间的区域差异性和分布，实现不同区域的协同发展，选用 Ward 法进一步对我国科技基础设施和区域创新能力进行分层聚类分析，结果如表 3－4 所示。

表 3－4　　科技基础设施与区域创新能力分层聚类结果

层次	区域	创新驱动模式
第一层次	北京	科技物质和信息基础设施共同驱动
第二层次	上海、天津、广东、江苏、浙江	科技信息基础设施驱动
第三层次	山东、四川、辽宁、陕西、福建、山西、黑龙江、湖北、湖南、安徽、重庆	科技物质基础设施驱动
第四层次	吉林、新疆、江西、广西、河北、河南、内蒙古、甘肃、云南、海南、贵州、青海、宁夏、西藏	科技基础设施不足无法驱动创新

第一层次只包含北京市。北京市科技基础设施遥遥领先其他省份，不管是物质基础设施还是信息基础设施都具有绝对的优势，可以看作科技物质基础设施和科技信息基础设施共同驱动创新的模式。良好的科技基础设施以及独特的科技人才和机构聚集优势为北京成为全国科技创新中心提供了保障。截至 2019 年年底，中国科学院共有 833 名院士，其中北京地区有 433 人，占比为 52.0%；中国工程院共有 924 名院士，北京地区有 397 名，占比为 43.0%。各类科研院所 412 家，位居全国首位。国家重点实验室 120 余家，国家工程技术研究中心近 70 家，分别约占全国的 1/3 和 1/5。国家高新技术企业超过 1.2 万家，约占全国的 1/6。2018 年，研究与试验发展（R&D）经费投入占北京地区生产总值的比重达到 9.5%。“十二五”期间，北京累计获得国家科学技术奖数量占全国比重超过 30%。

第二层次包括上海、天津、广东、江苏和浙江五个省市。从科技物质基础设施因子得分来看，上述五省市的得分排名靠后，并不具备独特的优势，但是其科技信息基础设施与区域创新能力的排名基本一致。由此推断，此五省市的创新能力主要依赖于知识和信息等非物质因素，可以看作科技信息基础设施驱动创新的模式。

第三层次包括山东、四川、辽宁、陕西、福建、山西、黑龙江、湖北、湖南、安徽及重庆共 11 个省市。在科技物质基础设施方面，上述大部分省市排名并不落后，但是在科技信息基础设施方面，排名较靠后，科技信息基础设施对创新的贡献不足，可以看作科技物质基础设施驱动创新的模式。上述省份，需要在科技信息基础设施方面加强建设，加强经济发展方式的转型升级，由依赖物质和资源的投资拉动型向依赖知识的技术进步型转变。

第四层次包括吉林、新疆、江西、广西、河北、河南、内蒙古、甘肃、云南、海南、贵州、青海、宁夏及西藏共 14 个省份。上述省份，无论在科技物质基础设施方面还是在科技信息基础设施方面，排名都相对靠后。科技基础设施投入不足，区域创新能力较低，科技基础设施过少无法驱动创新。上述省区，需要加强科技基础设施的建设，尤其是科技信息基础设施的建设，依赖信息和知识投入实现跨越式发展。

第四节　我国科技基础设施的运行效率测评及区域差异分析

在中国科技基础设施供给不足的背景下，如何提高运行效率成为驱动创新的关键。本部分内容主要研究中国科技基础设施运行效率的区域差异，这对于合理布局优化科技基础设施，提高科技基础设施运行效率，提高区域创新能力具有极其重要的意义。

一　方法和数据

选取上一节中科技物质基础设施因子、科技信息基础设施因子作为投入变量，区域创新能力作为产出变量，采用数据包络方法，利用 DEAP2. 1 软件对我国 31 个省份科技基础设施运行效率进行定量测算。

由于 DEA 模型应用中输入变量和输出变量的值不能为负数，所以本书对每一个指标数据进行了归一化的正向处理。在 DEA 模型中，数据进行线性变换，其 DEA 有效性不变。

数据包络分析法（DEA）适用于对多输入多输出对象系统的评价，它运用了线性规划的方法构建决策单元观测数据的非参数分段前沿，根据决策单元观测数据值与生产前沿边界之间的距离来测量其相对效率，判断决策单元是否有效，目前被广泛应用于经济、管理科学与系统工程等领域，为了反映出决策单元的无效原因和改进方向，效率可以进一步分解为规模效率、技术效率和综合效率。从效率评价方向来看，DEA模型分为投入导向型和产出导向型。投入导向是指不改变产出数量的条件下，如何使投入最小；产出导向是指不改变投入要素的条件下，如何使产出最大。本书研究的目的在于如何优化科技基础设施的布局，因此采用投入导向模型。从假设条件来看，DEA 模型又可分为固定规模报酬的 CCR 模型和可变规模报酬的 BBC 模型。本书采取 DEA 模型中基于投入导向型的 BBC 模型，检验产出一定时，各省份科技基础设施的投入运行是否有效，从综合效率、纯技术效率和规模效率三个方面分析中国科技基础设施的运行效率及其区域差异。

综合效率是对决策单元的资源配置能力、资源使用效率等多方面能力的综合衡量与评价。仅靠综合效率还不能分析科技基础设施运行无效的原因，还需在此基础上进一步分析它们的纯技术效率和规模效率。纯技术效率反映了评价对象的技术有效性，是由于管理和技术等因素影响的生产效率，例如投入要素是否得到充分使用，资源配置是否最优，技术有效即在给定投入下，产出已达到最大，即已不能通过改善投入要素组合、加强管理等手段在相同投入规模上增加产出。规模效率为综合效率与技术效率的比值，是由科技基础设施规模因素影响的效率。规模收益用来衡量科技基础设施投入与产出的增加状态，即如果增加科技创新要素投入，其产出发生变化的规律或趋势。

利用 DEAP2.1 软件对基础数据进行处理，得到我国 31 个省份科技基础设施运行的综合效率值、纯技术效率值和规模效率值及其排名情况，如表 3－6 所示。

表 3－5　科技基础设施运行效率投入产出指标

变量类型	变量	衡量指标	变量符号
产出变量	区域创新能力	地区综合科技进步水平	Y
投入变量	科技物质基础设施	科技物质基础设施因子	X1
	科技信息基础设施	科技信息基础设施因子	X2

表 3 - 6　　我国 31 个省份科技基础设施运行效率

省份	综合效率	排名	纯技术效率	排名	规模效率	排名	规模收益	区域
甘肃	1	1	1	1	1	1	不变	西部
重庆	1	2	1	2	1	2	不变	西部
天津	1	3	1	3	1	3	不变	东部
宁夏	0. 996	4	1	4	0. 996	7	递增	西部
安徽	0. 871	5	0. 875	10	0. 996	8	递增	中部
河南	0. 816	6	0. 874	11	0. 934	14	递增	中部
浙江	0. 81	7	0. 852	13	0. 951	13	递增	东部
贵州	0. 804	8	0. 994	7	0. 809	25	递增	西部
云南	0. 788	9	0. 99	8	0. 795	27	递增	西部
青海	0. 746	10	0. 847	14	0. 88	18	递增	西部
江苏	0. 721	11	0. 903	9	0. 799	26	递减	东部
四川	0. 701	12	0. 861	12	0. 814	24	递减	西部
上海	0. 699	13	1	5	0. 699	29	递减	东部
湖北	0. 677	14	0. 682	22	0. 993	9	递减	中部
湖南	0. 672	15	0. 719	19	0. 934	15	递增	中部
海南	0. 662	16	0. 768	15	0. 862	19	递增	东部
福建	0. 66	17	0. 681	23	0. 969	11	递增	东部
西藏	0. 65	18	1	6	0. 65	30	递增	西部
黑龙江	0. 634	19	0. 656	24	0. 967	12	递增	中部
广东	0. 628	20	0. 63	27	0. 997	6	递减	东部
江西	0. 622	21	0. 736	17	0. 845	20	递增	中部
内蒙古	0. 607	22	0. 719	20	0. 845	21	递增	西部
广西	0. 601	23	0. 735	18	0. 817	23	递增	西部
吉林	0. 587	24	0. 633	26	0. 928	16	递增	中部
陕西	0. 585	25	0. 591	29	0. 991	10	递减	西部
辽宁	0. 585	26	0. 586	30	0. 999	5	递增	东部
河北	0. 581	27	0. 706	21	0. 824	22	递增	东部
山东	0. 544	28	0. 544	31	1	4	不变	东部
山西	0. 542	29	0. 594	28	0. 913	17	递增	中部
新疆	0. 486	30	0. 635	25	0. 766	28	递增	西部
北京	0. 253	31	0. 766	16	0. 33	31	递减	东部
均值	0. 694		0. 793		0. 881			

二 我国31个省份科技基础设施的运行效率测评

（一）我国科技基础整体运行效率分析

整体看我国科技基础设施运行综合效率偏低，平均值为0.694；规模效率较高，除了北京和上海外，其余省份差别不大，平均值为0.881；技术效率各省份差别较大，平均值为0.793。这说明我国科技基础设施运行效率低下的原因主要在于技术效率较低，因此重点应该通过改善科技物质基础设施和信息基础设施的要素组合，提高科技基础设施的管理水平和制度创新、推动科技基础设施的共享等方式增加其产出水平。

从我国三大区域看，西部地区的科技基础设施综合效率最高，平均值为0.747，其次是中部地区，最低是东部地区。纯技术效率也是西部地区最高，平均值为0.864，其次是东部地区，最后是中部地区。中部地区规模效率最高，达到0.939，其次是西部地区，最后是中部地区。总体来看，中国各个区域的科技基础设施效率都比较低，相对于规模效率而言，技术效率较低，影响了区域创新能力的提高。这说明我国科技基础设施的建设和投资依然是处在注重规模的阶段，重投入、轻运营，对科技基础设施的管理和利用水平不高，运行效率还有较大的提升空间。

（二）我国各省份科技基础设施综合运行效率分析

从综合效率看，甘肃、重庆、天津三个省份科技基础设施综合效率、纯技术效率和规模效率均为1，处于效率前沿面上，运行有效，宁夏综合效率为0.996，接近于1。对于以上省份，通过增加科技基础设施的投资规模可以有效提升区域的创新能力。

安徽、河南、浙江、贵州、云南和青海的综合效率值较高，处在0.74—0.87，并且呈现出规模收益递增的特征。除了浙江之外，其余都是中西部经济欠发达省份，这说明科技基础设施的投入产出效率并不必然与投入规模成正比，在科技基础设施比较落后的经济欠发达省份，其科技基础设施的运行效率要明显优于投入规模较大的经济发达省份。这些省份科技基础设施薄弱，处在创新的初级阶段，科技基础设施对提升区域创新能力起到的作用比较大，因此加强对科技基础设施的投资和建设将会有效地驱动区域创新能力的提升。其中，云南和贵州的技术效率较高，但是规模效率偏低，因此应该重点增加科技基础设施的投资规模。

江苏、四川、上海和湖北的科技基础设施运行效率处在比较接近的水平，综合效率值在0.67—0.72，并且都呈现出规模收益递减的特征。其中，上海市技术效率为1，技术有效，但是规模效率非常低，在排名中非常靠后，这说明上海市科技基础设施管理水平较高，但是投入规模过大，存在资源浪费。

湖南、海南、福建、西藏、黑龙江、广东、江西、内蒙古、广西的综合效率在0.6—0.67，处在中等偏下的水平。除了广东的规模收益递减之外，都呈现出规模递增的特征。吉林、陕西、辽宁、河北、山东、山西、新疆综合效率在0.48—0.59，处在相对比较低的水平。

综合效率最低的是北京市，仅有0.253。作为中国的首都，北京市的科技基础设施、创新能力和经济发展水平远远领先其他省份。但是随着地区经济发展水平的提高和基础设施的完善，创新的难度不断提高，科技基础设施尤其是物质基础设施的创新产出能力将不断弱化，呈现出边际收益递减的特征。进一步分析发现，造成北京市综合效率低下的主要原因在于规模效率低下，规模效率值只有0.33，即规模是无效的。在规模无效的状态下，可能是规模收益递增，也可能是规模收益递减，但是目前北京市处于规模收益递减的阶段，这说明北京科技基础设施投入规模过大，科技基础设施资源没有得到充分有效的利用，应该通过缩小投资规模或者减少科技基础设施的资源浪费来提高运行效率。

（三）各省份科技基础设施纯技术效率和规模效率分析

从纯技术效率看，排名靠前的省份包括甘肃、重庆、天津、宁夏、上海、西藏、贵州、云南，其技术效率在0.99—1。排名靠后的是山东、辽宁、陕西、山西，其技术效率值低于0.6。对于技术效率比较低的省份，需要加强科技基础设施的管理和制度变革，改善科技物质基础设施和信息基础设施的要素组合，改进管理方式。

从规模效率看，排名靠前的省份包括甘肃、重庆、天津、山东、辽宁、广东、宁夏、安徽、湖北，其规模在0.99—1，排名靠后的是西藏和北京，其中西藏是由于科技基础设施投入量过小，而北京是由于科技基础设施过于集中，投入量太多。对于规模效率比较低的省份，重点需要优化科技基础设施的投资规模，提升规模效益。

从规模收益看，绝大多数省份处于规模收益递增的阶段，科技基础设施规模收益不变的省份包括甘肃、重庆、天津、山东4个省份。规模收益递减的省份只有7个，包括江苏、四川、上海、湖北、广东、陕西和北京，多数是经济发达地区，因此对于大部分省份而言，同时应该继续扩大基础设施的投资规模。

表3-7　　我国三大区域科技基础设施运行效率的比较

区域	综合效率	纯技术效率	规模效率
东部	0.649	0.767	0.857
西部	0.747	0.864	0.864
中部	0.678	0.721	0.939
全国	0.694	0.793	0.881

第五节　我国科技基础设施的布局方案和政策建议

一　不同区域科技基础设施布局方案

为了进一步分析我国不同省份科技基础设施运行效率的空间差异性，并根据区域差异制定有针对性的布局优化策略，参考刘伟（2013）、陈国生（2014）等的划分方法，以0.900的效率值为临界点，将31个省份纯技术效率和规模效率进行“高”“低”划分，并组合为四种类型（高高型、高低型、低高型和低低型），其空间散点分布图如图3-3所示。

第一类是技术效率和规模效率双高的省份，包括天津、甘肃、宁夏、重庆4个省份，其科技基础设施效率需要改进的较少。对于天津，是属于科技基础设施和创新水平都比较高的区域，对其他地区科技设施的运行和管理具有较好的示范效用；而对于甘肃、宁夏、重庆3个省份，虽然运行效率较高，但是属于科技基础设施和创新能力都相对比较薄弱和落后的区域，因此还需要扩大基础设施的投资规模，尤其是科技信息基础设施的投资建设，同时注重运行和管理水平，以科技物质基础设施和信息基础设施的协同发展带动区域创新能力的提高，促进经济的跨越式发展。

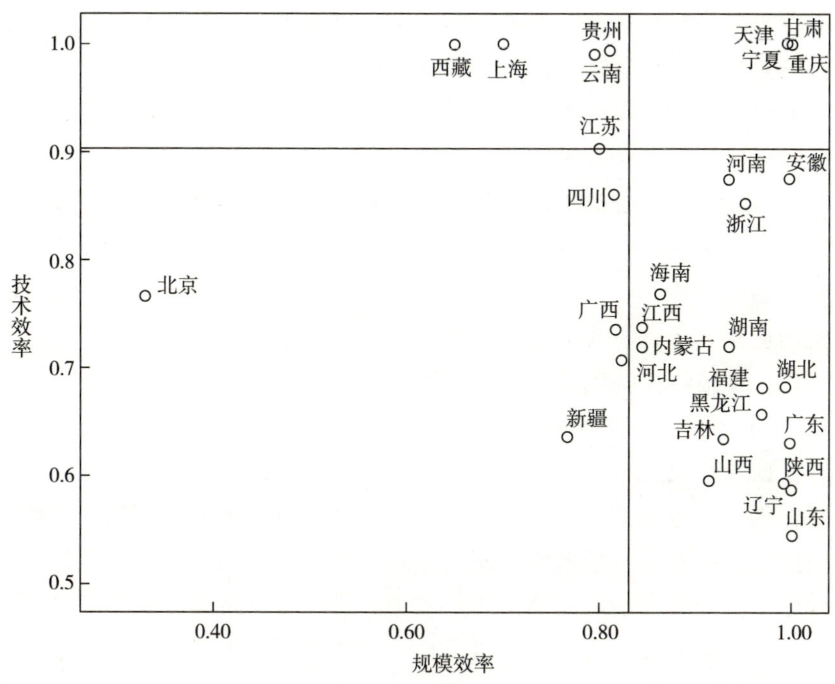

图 3－3 2014 年各省份科技基础设施运行纯技术效率和规模效率空间分布散点图

第二类是技术效率和规模效率双低的省份，包括北京、广西、新疆、四川 4 个省份。这些省份的重点改进方向是同时提高技术效率和规模效率，对北京而言，应该减少科技基础设施的浪费，提高运行管理水平，向公众和其他省份开放科技基础设施的共享。对于广西、新疆、四川科技基础设施欠发达地区，应同时兼顾科技基础设施的规模和管理水平的提高。

第三类规模效率高和技术效率低的省份，包括湖南、湖北、福建、黑龙江、吉林、山西、广东、陕西、辽宁、山东、河南、浙江、安徽、河北、内蒙古、江西、海南 17 个省份。这些省份的重点改进方向是提高技术效率，即应当注重提高科技基础设施的管理水平，加强科技基础设施的管理创新和制度变革，合理配置科技物质基础设施和科技信息基础设施资源。吴晓玲（2013）等研究发现，科技基础资源开放共享通过促进创新资源配置结构升级、配置能力提升、配置模式优化和信息交流充分等路径影响创新资源配置的效率，因此加快科技基础设施的开放和共享是提高科技基础设施运行效率的有效方式。

第四类是规模效率低和技术效率高的省份，包括上海、西藏、贵州、云南、江苏 5 个省份。这些省份的重点改进方向为规模效率。其中上海、江苏等经济发达地区科技基础设施没有得到充分利用，应减少科技基础设施的浪费，提高运行管理水平，加快科技基础设施的开放共享。而西藏、贵州、云南应加大对科技基础设施的投入，扩大科技基础设施的规模，实现资源的优化配置。

二　我国科技基础设施布局建议

（一）继续加强对科技基础设施的建设和投资力度

科技基础设施与创新能力之间存在耦合关系，我国科技基础设施运行存在规模无效的问题，政府应该继续加强对科技基础设施的建设和投资力度，解决我国科技基础设施规模效率低下的问题。目前我国科技基础设施主要分布在经济发达的少数几个省份。在科技基础设施建设过程中，对科技基础设施落后地区给予相应的倾斜。经济欠发达地区处于创新驱动的初级阶段，对科技基础设施的投资多数处于规模收益递增的阶段，运行效率较高，通过对落后地区科技基础设施的建设，可以带动其实现跨越式发展。

（二）从重视科技物质基础设施建设向注重科技信息基础设施建设转变

随着经济发展水平的提高，科技物质基础设施对创新驱动的作用越来越弱，科技创新越来越依赖于信息和知识等因素，本书的研究结果也表明，对于经济和创新能力较强的省份科技信息基础设施与区域创新能力之间具有明显的耦合性。因此，下一步应逐渐从注重科技物质基础设施建设向注重科技信息基础设施建设转变。

（三）从重视科技基础设施的建设向注重科技基础设施的利用转变

我国科技基础设施运行效率主要是由技术效率低下造成的，我国科技基础设施的建设和投资依然是处在注重规模的阶段，因此重点应该通过改善科技物质基础设施和信息基础设施的要素组合，提高科技基础设施的管理水平和制度创新。政府等管理部门应加强对科研机构科技基础设施运行效率的考核，在管理思维上，应逐渐从注重科技基础设施的投资建设向注重科技基础设施的利用转变。

（四）通过制度创新促进科技基础设施的开放共享

科技基础设施具有较强的公共性，其开放共享需要科研机构、企业、政府、公众多方参与。分享经济的快速发展为科技基础设施的开放共享提供了解决思路。应通过制度和模式创新，加强科技基础设施共享网络和平台的建设，鼓励高校、科研机构、企业等不同主体分享科技仪器设备、实验平台、数据成果等科技物质和信息资源，切实提高科技基础设施的覆盖群体和运行效率，这有助于解决我国目前科技基础设施资源不足、资源利用率不高、运行效率低下、发展不平衡等问题。在开放共享过程中，应处理好保护和开放的关系、政府和市场的关系、中央和地方的关系。

（五）通过区域间共享推动科技基础设施的协调发展

目前，我国在科技基础设施开放层面，各省份制定了各种各样的公共政策，基本上实现了科技基础设施向本地企业、社会开放的要求，但是对于区域间的开放还不够。政府应统筹规划，立足全局，对于已经具备良好的科技基础设施和创新基础的区域，应该通过制度和管理创新等加快科技基础设施对其他区域开放共享，加强和周边区域交流和协同，实现跨区域的科技基础设施共享，实现科技基础设施密集的省份向科技基础设施不足省份的扩散与辐射，有利于提高科技基础设施的使用率，同时降低区域科技基础设施分布的不平衡性。

“十三五”时期是深入实施创新驱动发展战略，加快建设创新性国家的关键时期，这需要进一步夯实创新的物质基础和保障，未来应针对科技基础设施发展中存在的问题，通过合理扩大规模，提高运行效率，进一步发挥科技基础设施对产业创新的支撑和辐射作用。

第四章　基础工艺技术扩散服务体系研究

基础工艺技术扩散服务体系是国家科技创新体系的重要组成部分之一。从美国、日本、德国、韩国等发达工业国家的成熟经验看，一国的科技服务体系主要包括科技基础设施、共性技术研发服务和技术扩散服务三个组成部分。技术扩散服务体系的作用主要是促进已经形成的先进适用技术（主要是工艺技术）向广大企业的扩散和应用（贺俊，2017）。有效的技术转移和扩散，可以提高一项技术创新本身对经济的影响和生产力，使该技术创新的潜在经济效益最大化，从而促进技术经济系统进化和高级化。我国虽然已经基本形成了以生产力中心、孵化器、中小企业创业服务中心为主的技术转移和创业服务机构，以科技咨询与评估机构、技术交易等专业服务为代表的科技中介机构以及地方政府资助的区域性技术创新服务网络，但是存在管理体制尚不健全、在科技体系中的地位不高、机构工作人员综合素质不高、未形成有效协作网络、服务内容单一、功能定位模糊、法律法规及政策环境缺失和扶持缺乏措施等问题［和金生和司云波（2010）；李文博（2011）；熊小奇（2007）；马松尧（2004）］。与发达工业国家相比，专业的技术扩散服务机构或机制在我国是缺失的（贺俊，2017）。

《中国制造2025》提出强化工业基础能力，加强“四基”创新能力建设。工业基础能力包括核心基础零部件（元器件）、先进基础工艺、关键基础材料和产业技术基础等。工业基础能力薄弱是制约我国制造业创新发展和质量提升的症结所在。建立基础工艺创新体系，利用现有资源建立关键共性基础工艺研究机构，开展先进成型、加工等关键制造工艺联合攻关；支持企业开展工艺创新，培养工艺专业人才。加大对“四基”领域技术研发的支持力度，引导产业投资基金和创业投资基金投向“四基”领域重点项目。开展工业强基示范应用，完善首台（套）、首批次政策，支持先进基础工艺推广应用。

在科技创新公共服务体系中，基础工艺技术扩散服务体系起着支撑作用。以下将从技术扩散的基本理论、技术扩散服务体系案例分析、基础工艺技术扩散服务体系的创新模式、基础工艺技术扩散服务体系的政策建议进行叙述。

第一节　技术扩散相关概念

一　技术扩散的概念

目前技术扩散概念也没有一个被广泛认可的定义，比较具有影响力的是 Roger（1983）提出的，将技术扩散看作一项创新技术随着时间通过各种渠道被社会成员所接受的过程。Roger 认为，技术扩散过程由四个关键因素组成，它们分别是创新技术、时间、传播渠道与社会系统。在该定义中，技术扩散被视为技术创新的后续步骤，因此技术扩散有时常常被称为技术创新扩散。自技术扩散概念被引入经济学领域后，众多学者对于这一概念进行了多方面的探讨，但至今并无统一的结论。

（一）国外学者对技术扩散的界定

美国经济学家斯通曼（P. Stoneman）将一项新的技术的广泛应用和推广称为技术扩散，他认为技术扩散不只是一种模仿过程，还包括模仿基础上的自主创新活动，该定义指出与一概照搬、一成不变的模仿不同，技术扩散还需要考虑成本与收益的关系问题，随着成本的降低和收益的增加，生产过程会自发进行创新活动，从而推动下一个技术创新扩散周期。美特卡则认为技术扩散是一种选择过程，该定义主要考虑了技术扩散的参与主体，他指出技术扩散依赖于技术输出方、技术接收方以及消费者对技术的选择问题，企业的选择目标是提高生产效率、降低成本，消费者的选择目标是获得物美价廉的商品，只有两者达到均衡时，技术扩散才得以发生。经济学家舒尔茨（L. Scholtz）在《人力资本投资》中将技术扩散定义为通过市场和非市场渠道的传播。其他学者关注的重点不同，Smith（1980）强调技术在空间上的转移；Gee（1981）强调技术扩散的经济效应；Glinow、Teagarden（1988）强调技术表现形式的转移；Komoda（1986）强调技术扩散是一个“学习”的过程；梅特卡夫则认为技术扩散是一种选择过程。

另外，一些专家学者则从扩散的过程、路径、效应等不同角度，更为明确地对技术扩散进行解释。罗杰斯（Rogers，E. M.）认为扩散是创新在这一时间内，通过各种渠道，在社会系统成员中进行传播的过程。经济学家曼斯菲尔德（Mansfield，E.）把扩散看作一个学习过程，扩散的早期队伍，新工艺或新产品的改善几乎与新思想本身一样，常常有严重的技术问题需要花时间去解决，有时需要大量的研发。根据“S形学习曲线”，当新工艺或新产品设计稳定后，生产成本随之下降。迈卡夫（Metcalfe）认为，技术扩散是对于各种不同层次的技术的选择；格利诺和蒂加登（Glinow Teagarden）认为，技术扩散过程包括技术文件的传播、将文件转化为产品的专有技术的转移、设备部件等硬件的转移三个阶段；科莫达（Komoda）认为，技术扩散应该是对理解和开发所引进技术的能力的一种转移。

（二）国内学者对技术扩散的界定

国内学者对技术扩散相关概念的理解也各不相同，比较成熟的结论有以下几种：傅家骥（1998）认为技术扩散的全过程与技术的生命周期息息相关，技术扩散过程开始于技术发明或技术成果首次商业化应用之时，经过大力推广、普遍采用，直到最后被先进技术淘汰为止，这个概念是从技术生命周期的角度进行分析的。魏心镇（1994）认为，技术扩散是技术创新在空间上的传播或转移过程，它包含技术的推广、吸收、模仿与改进，该定义虽然强调了技术扩散的空间效应，但实际上也包括了技术扩散的时间效应。曾刚（2002）认为，技术扩散是指技术在经济领域及地域空间范围的应用推广。该定义侧重于描述技术扩散的空间效应。郭咸刚（2005）认为，技术扩散是技术创新的必然结果，技术创新成果在企业内部、行业间和行业外的技术扩散是实现技术创新规模经济型、增加创新收益的主要手段，通过核心技术在不同产品、产业中的扩散与渗透，使企业技术扩散产生“收益倍放”的效应，不难看出，该定义强调了技术扩散的经济效应，指出经济效应是导致技术扩散的主要原因。魏心镇等地理学者还认为，技术扩散是一种创新进行空间传播或转移的过程。

国内外对技术扩散概念的界定虽然多有不同，这主要是因为技术扩散本身是一个比较复杂的概念，其相关概念也比较多，性质和特征比较复杂，这是造成对技术扩散难以定义的原因之一。本书认为，虽然关于技术扩散的定义表述不同，但其中的基本内涵还是大体一致的。技术扩散有三方面基本特征：一是技术扩散反映的是技术传播、推广和应用的过程；二是技术扩散需要借助一定的渠道或途径；三是技术扩散最终体现为技术和经济的集合。

同时，综合以上特征并结合国内外对于技术扩散概念的界定，我们可以看出技术扩散还包括三个层次：一是企业之间的扩散，即新技术成果在产业中各企业之间传播采用的过程；二是企业内部的扩散，即新技术成果在企业内部扩大应用范围的过程；三是总体扩散，即企业之间的扩散和企业内部扩散的叠加，它表示新技术成果在产业中被采用的总体水平的增长变化过程。在本书中技术扩散是指同一产业内企业间的扩散，是一种动态行为，它包括产业内技术扩散的扩散方与接收方考虑成本与收益情况以及消费者对于技术扩散的需求所做出的一种选择。

二　技术扩散的影响因素

新技术的特性及创新企业的行为。不同类型的技术在不同的空间（企业内部、企业之间、不同领域）中的扩散特性是不同的。陈劲等（2008）、赵新刚等（2006）、王开明等（2005）、Delre，S. A. 等（2007）等学者都是这方面研究的代表。

（一）采用者或消费者的行为

不同性质的技术扩散的采用者对扩散的影响也是不同的，采用者的地位、认知偏好、人际交流等因素都会影响扩散，从事该方面研究的学者有杨朝峰（2006）、付晓蓉等（2011）、Alkemade 等（2005）等。

（二）传播渠道

传播渠道连接着创新拥有者和采纳者，在一定程度上影响着扩散主体的行为。传播渠道主要体现在网络结构、扩散的空间特征等方面，不同的传播渠道会影响扩散的范围、程度和持续性，从事这方面研究的学者有 Mac Garvie（2005）、Delre 等（2010）、陈锟（2010）、鲜于波等（2009）等学者。

（三）其他影响因素

以往对于影响因素的研究中，覆盖了从技术、产品到市场的技术扩散全过程管理，包括产业（网络）、联盟、企业、新产品等多方面。从中可以看出这一系列的影响因素造成了扩散过程的复杂和难以预期。

许慧敏、王琳琳认为技术扩散源由于扩散技术的有偿性、完全垄断技术的风险性以及回收资金的需要，会对技术扩散产生推动力；技术创新扩散的潜在吸收体一旦认识到采用某项创新技术能够增强企业的获利能力，就会设法获取、实施该项技术，对技术扩散产生牵引力。

韩元建和陈强（2017）将技术扩散的影响因素归纳为四个方面：技术的供给方、技术的需求方、技术的扩散环境、技术的性能。技术的供需双方是技术扩散的内在因素，供给方希望通过选择合适的技术扩散策略，实现利润最大化，需求方希望通过适时引进合适的技术而获得超额收益；而技术创新所处的市场、政策法规、信息服务、社会服务等环境因素是影响技术扩散的外在因素。

三 技术扩散的机制

技术扩散的机制，主要是研究技术扩散过程能够自动进行的原因以及企业在技术扩散过程中遵循的规则问题。许多文献研究认同技术扩散的机制是由多种机制组成，这些机制在扩散过程中相互协调，共同发挥作用。傅家骥（1992）认为技术扩散机制由供求机制、计划机制、中介机制、激励机制和竞争机制组成，以上五种机制同时发挥作用，其合力决定扩散的模式。朱李鸣（1988）提出了技术扩散引导机制的概念，认为技术扩散引导机制是由技术扩散动力机制、沟通机制和激励机制组成的自动系统。随着研究的深入，不再是单一地分析技术扩散的机制问题，而是将技术扩散置于所处环境中，作为一个系统来研究。张国方等(2002)、郭锋等（2006）、李平（2007）、张然斌等（2007）、王莹(2008)、邓衢文（2010）等分别从网络环境、技术服务中心、国际技术扩散、技术需求方、生态产业链等角度分析技术扩散机制对技术扩散的影响和作用。

动力机制和激励机制是构成技术扩散机制的重要组成部分。动力机制是研究技术扩散的必要性和可行性的机制，而激励机制则是决定扩散的流向、速度和范围的机制。有关学者定位于研究扩散机制中的单一机制，以此来分析技术扩散机制。

（一）动力机制

扩散动力是探索影响创新扩散的决定力量，是讨论扩散存在、方向和规模的关键。以往研究中将技术扩散的动力分为内在驱动力和外在动力。技术的供给方出于利润最大化的考虑，会在技术周期的不同阶段选择扩散或减缓扩散的策略，需求方为获得创新带来的额外收益而引进技术创新，这是创新扩散的内在动力机制。扩散的外在动力则取决于技术创新所处的外在环境，地理环境、市场环境、政策法规环境、信息服务环境、社会服务环境等环境因素都会影响技术扩散的外在动力。冯云生、李建昌（2012）对技术扩散的动力因素进行了分析，他们认为基于产业集群的技术扩散的扩散动力主要受内外部环境因素的影响，不同阶段的扩散其动力强度是不同的。刘辉、李小芹、李同升（2006）在分析农业技术扩散时指出，以经济利益为基础的市场化机制，能够从根本上解决传统推广体制下不能解决的动力问题，保证技术市场供给的持续性，从而保证了农业技术的有效扩散。

动力机制按扩散的主动方可分为拉力机制、推力机制以及耦合机制三种模式。拉力机制认为扩散得以发生的成因在于新技术的潜在采纳者主动学习模仿新技术，技术创新使得创新者获得垄断利润，促使许多企业模仿创新，因此一项技术创新是通过对创新的模仿来实现具体扩散的。武春友（1997）认为，技术扩散的主动方是新技术的潜在采纳者，扩散的动力由推动力和牵引力合成，技术创新采用者由于采用技术创新获得超额利润造成的市场竞争压力即为推动力，采用者追求利润最大化即为牵动力，二者共同作用，推动着技术创新成果的扩散。

推力机制则认为扩散的成因在于技术的创新者或拥有者主动向市场推广技术。拥有新技术的企业出于自身利益的考虑，例如抢占垄断市场、追求利润最大化等，在技术生命周期的不同阶段，做出输出技术与否的决策。许慧敏、王琳琳（2006）认为技术创新源于技术扩散的有偿性、完全垄断技术风险性、回收资金需求等方面的考虑，会对技术扩散产生推动力，推动新技术向市场扩散。

耦合机制认为需求与满足所需之间的相互关系共同促进了技术开发与应用。斋藤优提出了需求—资源论，从创新技术本身与资源之间的适应性上，论述了技术扩散的耦合机制，供方的需求与淘汰的关系（N，R关系）和需方的需求与淘汰的关系（N，R关系）相耦合，技术创新的扩散才得以进行。李俊利（2011）在分析资源节约型农业技术扩散时指出，供给、中介和采用三个子系统的关系影响着资源节约型农业技术扩散，只有三者之间有紧密的利益连接机制和有效的融合机制，技术扩散才会有良好的效果。

技术扩散有两方主体：拥有方和采纳方。无论是从哪个主体角度研究动机，都可发现，企业是在利益的趋势下对技术的扩散问题做出决策。因此，在技术扩散的系统中，技术不断地被创新、采纳和吸收，经过几个阶段的循环往复运行，直至系统中的利润被分割吸收完毕，技术扩散的过程才完成。

（二）激励机制

激励机制作为扩散机制中的另一个重要组成部分，主要是为了解决如何改善扩散环境，加速扩散速度和提高扩散质量问题。技术扩散的激励是技术创新活动启动、开展、强化的力量源泉，创新扩散速度的快慢、创新扩散规模的大小主要由激励机制提供的动力大小所决定。冯铁龙（2007）根据马尔科森模型的研究方法，构建工业园区技术扩散的激励机制模型。赵维双（2005）运用委托—代理模式提出了基于环境的技术扩散的激励机制，认为通过环境要素的优化来激发和制约扩散系统要素行为。赵骅等（2008）通过对企业集群内部技术扩散的特征和活动进行分析，利用委托—代理理论，建立了企业集群内部技术扩散激励机制框架，借鉴“锦标机制”方法构建了企业集群技术扩散激励机制模型并对其加以分析，得出相关激励制度为企业集群整体采取有效措施进行技术扩散激励提供了理论依据。

以往研究中关于企业技术扩散激励机制的文献相对较少，且考虑参与主体的心理因素的研究几乎没有，但是心理学的研究成果表明参与人的心理因素往往能够影响人的决策行为。

Vandegrift 和 Brown（2003）测试了任务难度的变化对激励结果的影响，发现当代理人面对简单的任务时，强激励不一定能够增加激励效果。汪行、刘卫国（2012）认为，在企业技术扩散激励过程中，园区政府在设定奖金水平时需要综合考虑企业面对的扩散任务难度、企业能力等因素。

激励机制连接扩散双方主体，是双方动机直接沟通的“桥梁”。对于多数创新来说，可能会存在扩散意愿不足的情况，即动机不足以支撑扩散的持续，原因有多种：对于技术潜在采纳者而言，采用一项新技术需要投入大量的资金和人力资源，而其效益却不确定，或者要等到若干年以后才会产生效益，产出效益和期限的不确定，阻碍了企业对于创新的投入；对于技术拥有方而言，由于其注重科研而不注重其商业化，加上市场的非完全性等原因，其技术转让的意愿也不高。因此，激励机制就是为了弥补扩散动机不足，从政府政策激励、企业人才激励等多个角度促使技术的持续扩散。

第二节 技术扩散服务体系中外比较分析

本节采用比较分析的方法，分别以中国科学院北京国家技术转移中心和美国制造业拓展合作伙伴计划 MEP 为例，探索中美技术扩散服务体系的不同，进而从制度、组织、服务和人才等方面提出我国建设技术扩散服务体系的借鉴经验。

一 中国科学院北京国家技术转移中心

（一）概述

中国科学院北京国家技术转移中心（以下简称“北京中心”）成立于 2003 年 3 月 28 日，是经原国家经贸委、教育部和中国科学院批准成立，由中国科学院与北京市人民政府共建的专门从事技术转移、科技成果转化的高科技服务机构，也是科技部认定的首批国家技术转移示范机构。北京中心在业务上接受中科院北京分院的直接领导，是中国科学院开展科技成果转化、技术转移工作的重要平台。北京中心秉承“创新技术转移模式，服务区域经济发展”的理念，不断地推动科技成果转移转化，助力区域产业升级；不断地探索机制体制创新，为创新创业营造良好的氛围；不断地完善技术转移服务平台，为技术供需双方提供全方位的科技服务。

北京中心自成立以来致力于整合院内外科技资源，并不断加强与地方政府、科研院所和企业的合作，形成了以重大项目推进平台、首都科技条件平台、科技金融平台、国际技术转移平台、京外科技合作平台、知识产权平台及技术转移产业联盟为主体的“6 + 1”技术转移工作体系。在大众创业、万众创新的新常态下，北京中心不断进行市场化探索，形成了以“科技智库、科技金融、科技培训、科技孵化”四轮驱动的市场化业务体系。

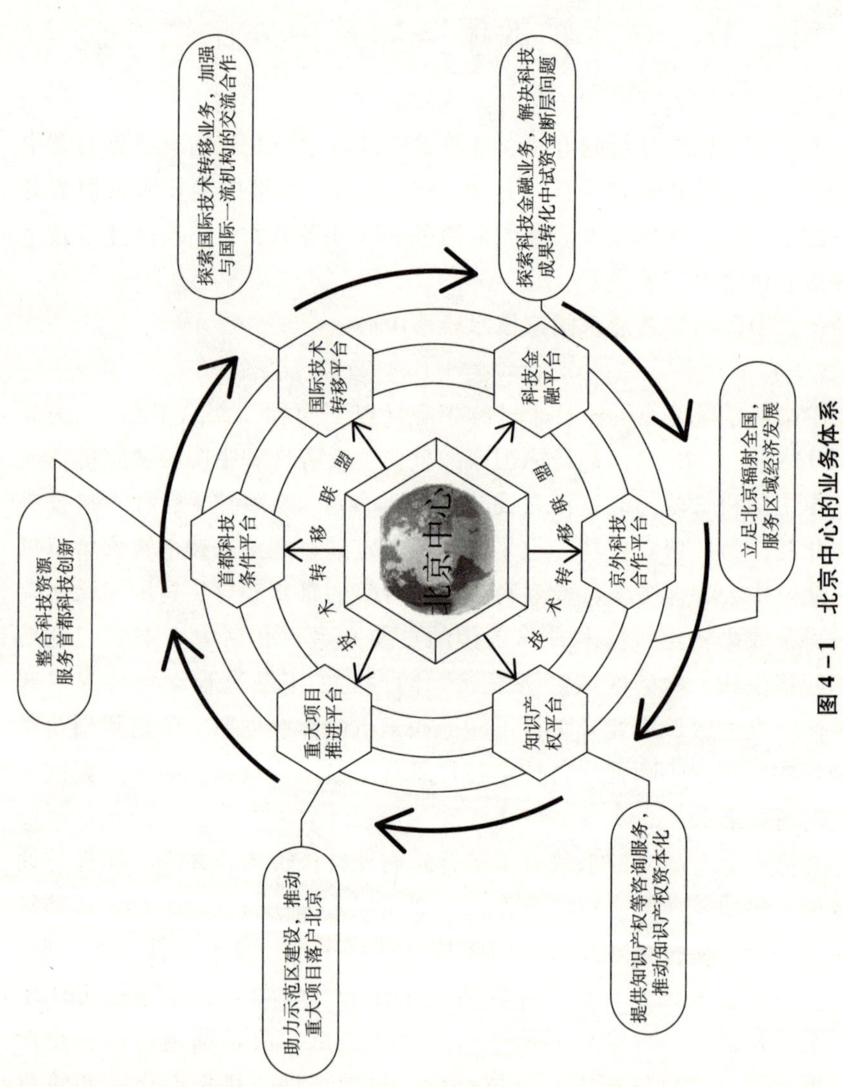

图 4－1　北京中心的业务体系

（二）体系组成

1. 重大项目推进平台

重大项目推进平台目标是助力中关村自主创新示范区建设，推动符合产业需求的重大科技成果转移转化。工作内容包括：结合产业需求，深度调研挖掘研究所产业化项目；跟踪服务已部署的重大产业化项目；制定并落实技术转移专项奖励政策，营造创新创业氛围。

近年来，重大项目推进平台推动了中科院系统龙芯、液态金属散热器、博阳空间信息数据库管理系统、绿色印刷制版技术、水性聚氨酯项目、虹膜识别、微小型燃气轮机、中科晶上等60余项产业化项目落地转化。

2011年在北京分院和中关村管委会的支持下，制定了中国科学院科技成果在京转化奖励办法及实施细则。自奖励办法实施以来，累计共有43支科研团队和103支技术转移团队获得奖励，极大地调动了京区院所推动科技成果产业化的积极性，北京中心进一步完善了技术转移工作体系，营造了良好的创新创业氛围。中科院京区系统已形成40余个以孵化器、技术转移中心、产业策划部门（科技处）为代表的多种形态的技术转移机构，拥有200人的技术转移专职工作队伍，形成了完整的工作网，通过各种方式为中关村园区企业提供服务。

2. 首都科技条件平台

首都科技条件平台主要目标是建立首都科技条件平台中科院实验基地，推动中科院仪器设备开放共享。工作内容是整合京区研究所大型仪器设备和科技人才资源，服务中科院科技资源对外开放；对接地方政府和产业需求，深入梳理功能服务平台，研究产业技术路线图；作为首都科技创新的专业服务机构，促进小微企业与中科院实验室技术研发合作。

截至2016年底，共促进北京地区801个国家级、北京市级重点实验室、工程中心，价值227.9亿元，4.33万台套仪器设备向社会开放共享，整合了721项较成熟的科研成果促进其转移转化，聚集11672位专家，产生18199项知识产权和技术标准。以市场需求为导向，梳理出38个服务功能模块，跨单位、跨部门、跨行业整合相同服务功能实验室形成107个功能服务平台，初步形成机构及仪器服务群。

3. 科技金融平台

科技金融是科技成果转化和产业化的重要工具。北京中心通过采取政府引导，吸引社会机构参与的模式，发起设立了“中科院科技成果转化投资基金”，并广泛联系社会金融机构，搭建科技金融平台，切实解决科技成果转化过程中的资金瓶颈问题，促进科技与资本深度融合，加快推进科技成果转化与产业化进程。

中科院科技成果转化投资基金包括中科院科技成果转化基金和北京技术转移（中科院）前孵化投资基金等形式，其中：

中科院科技成果转化投资基金由中关村管委会和社会投资机构共同出资，基金规模5000万元，投资标的是早期产业化项目。

北京技术转移（中科院）前孵化投资基金由北京市科委和社会投资机构联合出资，基金规模1.5亿元，投资标的聚焦于已完成实验室小试研究，具备进行工业试产或工业示范的科技类项目。

4. 国际技术转移平台

为助力北京成为全球创新资源集聚地和国际技术转移的核心城市，北京中心积极整合中科院的国际合作资源，在中国国际技术转移合作区建设了中科院国际技术转移中心。筑巢引凤，积极引入国际技术转移机构，加强国际人才交流与互动，促进国内外技术的双向流动。工作内容主要包括：吸引国际转移机构入驻，引进国际先进技术及优秀人才；建设中科院科技成果展示区，进行项目路演及对接；考察国外项目，推动建设海外孵化器。其中：

吸引的国际机构包括：英国牛津大学Isis公司、德国亥姆赫兹联合会、日本国际产业技术交流会等。

国外项目引进：中心已收到微乳液清洁剂、直接甲醇燃料电池、GAINA环保涂料等来自国内外的科研项目近100项。

组织各类国际交流：协办多场国际技术转移会议，如组织德国光电协会沙龙等；组织研究所参加科技部的援蒙活动，促成5个研究所3项合作意向。

探讨与国内外知名大学共建孵化器：探讨美国密歇根大学（University of Michigan）建立专业孵化器，联合成立风险投资基金，产业化在国内进行。

5. 京外科技合作平台

京外科技合作平台是连接中国科学院与地方政府、企业的资源型平台，是北京中心推动京区科技资源向京外地区辐射的重要窗口。工作内容为：针对地方产业发展需求，以科技项目为载体，组建专家团队，提供技术咨询、研发、培训等综合性服务和系统的解决方案；协助地方政府制订区域经济发展规划、联合企业申报科技专项课题，推荐成熟项目在地方落地转化。

近年来，京外平台不断发展壮大，先后在天津、潍坊、青岛等地建立了院地合作平台。京外平台的建立是院地合作模式的创新，是实施政、金、产、学、研、用综合发展的重要载体。截至目前，京外平台共组织地方企业与中科院研究所技术对接1000余次，促成技术服务、成果落地500余项，技术合同额近4亿元，极大地提高了区域产业水平和企业竞争力。

6. 知识产权平台

为推进中科院知识产权工作，提升知识产权创造、运用、保护和管理能力，北京中心建立以专利成果转化为核心的知识产权公共服务平台，积极整合政府、中科院、社会知识产权代理机构、知识产权运营机构、企业和投资者多方资源，促进中科院京区院所知识产权的规范化发展，推动科技成果的产业化实施。北京中心先后为平阳县人民政府、邳州市人民政府、包头市人民政府等制订了区域发展规划和产业规划；为赣州虔东稀土集团股份有限公司、上海赢圣投资管理有限公司、崇义章源钨业股份有限公司等企业提供知识产权战略规划、专利战略分析和企业产业布局服务。

7. 技术转移产业联盟

为了加强科学院兄弟分院的沟通交流，促进研究所与产业、行业协会间的合作互动，建立信息共享、资源聚集的技术转移合作机制，发挥北京中心现有工作体系优势资源，推进业务发展，建立技术转移产业联盟。联盟构成包括：中科院研究机构、技术转移机构、投融资机构、科技园区和企业等。服务内容包括：为联盟成员单位提供科技智库支持；为联盟成员单位构建虚拟实验室，提供设备云、资质云、中试服务等；为联盟成员提供创新创业服务支撑。

表 4-1　　知识产权咨询服务

管理	战略规划	知识产权诊查、专利战略、专利导航、商标战略、科研规划
	制度组织	知识产权制度、专利制度、商业秘密制度、商标制度、组织机构建设、培训宣传
	资产管理	专利组合管理、商标组合管理
创造	创新导航	技术趋势、热点分析、创新理论实践
	策略实施	技术分解、专利挖掘、专利布局、专利组合规划、商标布局
	申请确权	专利组合构建、专利撰写、申请流程、实务、复审、无效、商标注册、软件著作权登记
保护	风险管理	专利预警、规避设计、专利护航、FTO、侵权检索分析
	维权行权	纠纷处理、法律意见、仲裁、诉讼、侵权监控
运用	交易运营	专利转让、许可、交易对象发现交易策略、价值评估、谈判、合同、程序
	调查研究	专利地图、专利导航、研发规划、产业专利分析、竞争对手专利分析
	融资质押	资金找寻、技术入股、价值评估、谈判、合同、程序
挖掘成熟项目和具有产业化前景的专利		

二　美国制造业拓展合作伙伴计划 MEP

（一）概述

美国制造业拓展合作伙伴计划（Manufacturing Extension Partnership，MEP）是美国联邦政府为提升中小制造企业竞争力而设立的一项重要国家计划，由美国商务部下属的国家标准技术研究院（National Institute of Standards and Technology，NIST）组织实施。政府在共性技术扩散中承担着制定政策支持和宏观调控导向的作用。由于共性技术的公共性特征，政府在技术领域、技术市场上的干预正在逐渐扩大。美国的国家标准技术研究院是美国商务部下属的公立研究机构，主要由政府支持开展产业基础、共性和前瞻性技术的研究工作，目的是为提高美国产业竞争力提供技术服务，旨在支持开发竞争前共性技术，并将政府创新成果扩散到美国所有产业部门和私营部门。

MEP 计划通过与政府、行业组织、大学和企业等紧密协作，建立了遍布全美的制造创新服务网络，由各 MEP 地方中心为美国中小制造业企业提供战略咨询、技术开发、市场拓展、工艺流程改进、供应链优化、员工培训等各类技术与创新服务，促进和加速先进制造技术在美国的转化和应用。

MEP 中心的目标是通过以下方式提高美国制造业的生产率和技术绩效：将 NIST 开发的制造技术和工艺转让给 MEP 中心，并通过 MEP 转移到全美的制造公司；来自行业、大学、州政府、其他联邦机构以及 NIST 的人员参与合作技术转让活动；努力使美国中小型公司可以使用新的制造技术和工艺；向包括中小型制造公司在内的工业企业积极传播关于制造业的科学、工程、技术和管理信息；除了 NIST 外，还利用联邦实验室的专门知识和能力。

目前，MEP 共在全美 50 个州以及波多黎各成立了 60 多个 MEP 地方服务中心，拥有 1300 名专家，接近 600 个办事处，超过 2500 名服务提供者。自 1988 年设立以来，MEP 已向近 8 万家美国制造企业提供支持，协助企业实现销售收入 880 亿美元，节省成本 140 亿美元，创造就业岗位近 73 万个。MEP 为纳税人提供了高投资回报：每一美元的联邦投入，MEP 为制造商创造 17.9 美元的销售增长，带动企业新增投资 27 美元，每年转化为 23 亿美元的新销售。每 1501 美元的联邦投入能创建或维持一个就业岗位。以 2016 财年为例，MEP 联邦投入 1.3 亿美元，服务了 25445 家制造企业，新增销售收入 93 亿美元，节省成本 14 亿美元，带动企业投资达 35 亿美元，并帮助创造和维持超过 86602 个岗位。

（二）MEP 的要素组成

技术扩散服务体系作为一个系统具有特定的组成要素，各要素之间存在关联，处在特定的环境当中。借鉴揭筱纹（2014）对科技服务体系的要素划分，本书把技术扩散服务体系的要素归为三类：组织要素、资源要素、环境要素。技术扩散服务的客体（如中小制造企业）是系统存在的前提，技术扩散服务主体（如 MEP 中心等）是这个系统的主要组成要素，技术扩散服务体系的组织管理规定了系统中各要素的关联，法律法规政策则为技术扩散服务体系的发展与完善提供了一个环境。

1. 组织要素

MEP 是建立在 NIST MEP 与其他公共和私营实体之间的伙伴关系的前提下的合作网络，有的地方 MEP 中心具备较强的内部能力，可以直接为企业提供服务；有的地方则依靠其合作组织或第三方咨询顾问等外部机构的力量。MEP以非营利的MEP地方服务中心为核心，建立联邦、州政府、企业、大学等非营利机构间广泛的伙伴关系。它将联邦实验室、教育机构和企业中产生的新技术与方法，通过提供创新服务的方式，直接转移到中小制造业企业中。MEP的合作伙伴包括：

· a. 国家和地方政府

· b. 其他联邦政府机构、部门、计划和实验室（b1）

· c. 大学、社区学院和技术学校

· d. 行业协会

· e. 专业社团

· f. 行业领袖和智库

· g. 经济发展组织

· h. 私营部门，包括咨询公司（h1）以及全国各地的制造商（h2）

这些MEP的合作者构成了MEP网络的组织要素，包括政府及相关部门（a、b）；技术创造者（b1、c）；技术扩散者（d、e、f、g、h1）；技术使用者（h2）。

2. 资源要素

资源要素是指在技术扩散服务活动中，各相关人、财、物要素的组合。MEP的资源要素包括人力资源要素、资本要素和物力要素等。首先，MEP拥有1300名专家和超过2500名服务提供者，专家、行业领袖和科技服务人员是MEP重要的人力资源要素，通过MEP全国网络，为中小企业发展提供专业知识、供应链定位、新技术利用、制造工艺改进、员工培训等服务。其次，联邦政府每年投入且逐年提高的预算、企业追加的投资等是MEP重要的资本要素。自MEP计划实施以来，联邦政府对MEP一直保持连续资助，资助力度总体呈上升趋势，如图4-2所示。MEP自设立之初，便确立了联邦资助占地方中心运行经费的比例不得超过50%的原则，如地方中心表现经第三方独立评估认可，6年后仍可获得联邦资助，但比例不超过其总运行费用的1/3。联邦政府相对稳定的投入，有效地带动了州政府、地方政府、私人部门和企业等其他主体投资的积极性。

设备、软件、MEP中心空间等是MEP运行的物力要素。MEP在全美的60多个MEP地方服务中心和接近600个办事处在属地范围内为中小制造企业提供技术服务，任何中小企业都可在两小时车程范围内找到能够提供技术服务的MEP地方机构。

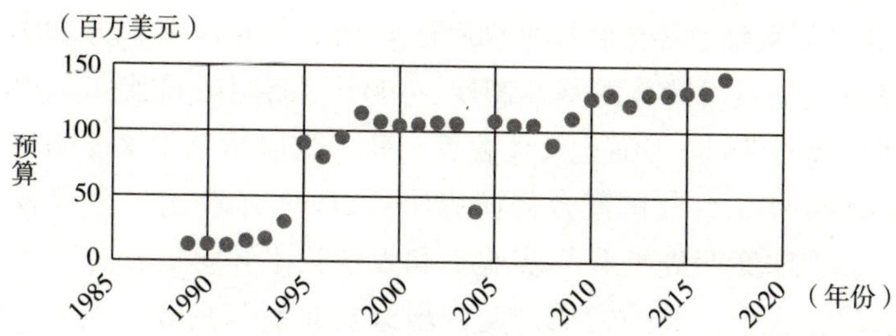

图 4-2 联邦政府资金投入情况

3. 环境要素

环境要素从宏观上讲主要包括硬环境和软环境，硬环境包括技术环境、基础设施等，软环境包括有利于服务体系建设的制度环境和市场环境等。

MEP 提供了优越的硬环境。早在 1996 年，MEP 便已实现在各州设立地方技术服务中心，目前共在全美 50 个州及波多黎各成立了 60 个 MEP 地方服务中心，成为各州交流和共享资源、最佳实践的平台。其中，宾夕法尼亚州、伊利诺伊州、威斯康星州等制造业发达地区有多个地方中心。MEP 地方中心在为属地内的中小制造业企业提供技术服务的同时，也可通过 MEP 全国网络获取各类资源。

MEP 的软环境。为建立有序的市场竞争，美国制定了一系列关于知识产权的法案，如反垄断法、投资法、工业产权法、资本市场规范法等，这些政策为美国的技术转移服务奠定了稳固的制度环境基础。政府对 MEP 提供专门的资金支持，坚持经费配套政策，而非联邦全额资助。相关财政政策在一定程度上确保了 MEP 地方中心不过度依赖联邦政府，能够主动按照市场导向、企业需求的原则运行。绝大多数地方中心不是政府机构，必须参与市场竞争，要想获得较好的工作效果，只有快速适应市场需要、找准用户需求，并围绕需求提供优质服务。

（三）MEP 体系建设

1. 服务制度体系

20 世纪 80 年代，随着日本凭借技术立国战略路线，发展成为全球高科技产品制造中心，美国颁布了一系列有关技术转移的法案，形成了一套系统的技术转移政策，以促使联邦实验室及大学技术成果的产业化。

1980年《史蒂文森—怀德勒技术创新法》和《拜杜法案》分别确立了联邦实验室与大学技术转移的基本制度。1982年制定的科技创新政策《小企业技术创新进步法》，强化社会各界在联邦政府研究成果商品化过程中的作用。1984年出台《国家合作研究法》，1986年制定《联邦技术转移法》等。以上法案明确了联邦实验室和大学技术转移的任务，并创建体制机制来促进这个任务的完成；允许国家实验室与企业、大学、州政府共同合作与研发；设立了一系列绩效考核制度和奖励制度与分配制度等。1988年，美国出台《综合贸易与竞争法案》，首次正式提出联邦机构应肩负起技术的商业推广职责。1993年美国开始实施《技术再投资项目》，使许多中小制造业企业得到资金支持，用于企业转型升级。得益于《技术再投资项目》和后续其他商务部民用经费的支持，到90年代中期，美国已经建成了70多个MEP中心，分布在50个州。1998年，制造业技术中心计划正式改名为MEP。MEP中心运营经费来自联邦资助、州政府和其他私人资金，形成了公私合作伙伴关系。

除此之外，美国政府通过完善的金融政策如设立风险投资基金，贷款担保、信用及风险担保等措施，解决了中小企业技术创新所需的资金。通过财税政策给予创新企业税收优惠，鼓励企业的技术研发。

综上所述，技术转移法案、科技创新政策、绩效考核制度、奖励制度与分配制度、金融政策、财税政策等构成了技术扩散服务体系的制度体系。

2. 服务内容体系

MEP设立27年来经历了持续的变迁与演化。1988年设立之初，MEP职能为“推动联邦技术信息扩散和技术转化”；NIST和有关评估很快发现中小制造业企业更看重成熟技术和商业建议，而非来自联邦实验室的昂贵、复杂且未经测试的新技术，于是MEP将服务内容调整为“多种商业技术服务”，包括解决技术问题、提供员工培训、改进工艺和管理、开展商业咨询、实现设施升级与信息化等；21世纪以来，面对经济全球化带来的竞争压力，MEP的使命也从传统的“技术推动”（technology push），转向全面提高美国制造商创新能力的“创新驱动”（innovation - driven）。MEP在原服务范围的基础上拓展创新链全过程，其影响也从单个企业扩展到制造产业链、制造集群和创新生态系统上。具体来看，MEP计划的具体服务内容，包括技术和标准的学习、六西格玛、TRIZ、质量标准、精益管理、企业转型体系、销售和市场体系、工程服务、战略工具、安全体系等。除了提供技术服务外，也提供培训、市场营销、战略规划、流程改造、人力资本开发、技术转移和商业模式创新等方面的咨询服务。

3. 服务管理体系

管理体系，包括技术转移的监管和促进机构、指导、支持、运行机构。

MEP 由联邦政府提供政策扶持，由美国商务部下属的国家标准技术研究院（NIST）组织实施。具体地，MEP 的管理又分为 MEP 指导委员会、MEP 办公室和各 MEP 地方中心三个层次，建立了自上而下的管理体系。MEP 指导委员会（Manufacturing Extension Partnership Advisory Board，MEPAB）为 MEP 整体运行提供指导、建议和评估。委员会由 10 名来自中小制造业企业、MEP 地方中心的代表组成，成员由 NIST 院长（兼任美商务部副部长）任命。MEP 办公室，由主任领导，共有联邦雇员 40 多人，下辖 6 个业务办公室，包括综合处（财务与管理）、宣传处、政策与研究处、地方中心管理处、系统运行处和计划开发与战略合作处，负责计划相关政策、经费、宣传等的协调，以及 MEP 地方中心的预算、政策执行监督和评估，并为 MEP 指导委员会提供支持。各 MEP 地方中心，均依托大学、非营利组织、地方政府机构等非营利性质的机构设立（可以是非营利企业），在 MEP 整体战略规划和 MEP 办公室的有关要求下，按照企业需求、市场导向以及非营利机构运行的原则，开展面向中小制造业企业的技术服务。

综上所述，MEP 的管理体系如图 4 －3 所示。

4. 服务评价体系

MEP 的评价体系包括对 MEP 计划的申请、设计、实施和效果的评价。评价的对象分别为对 MEP 整个计划的评价、对 MEP 地方中心的申请者的评价和对 MEP 地方中心的绩效评价。

对 MEP 整个计划的评价：由美国政府问责局（GAO）、NRC 等外部机构对其设计、实施和效果进行全面评估并提出改进建议。

对 MEP 地方中心的申请者的评价：评比指标包括对目标区域制造企业需求了解程度、技术提供能力、技术方案提供方式、人力资源、管理与财务计划等。

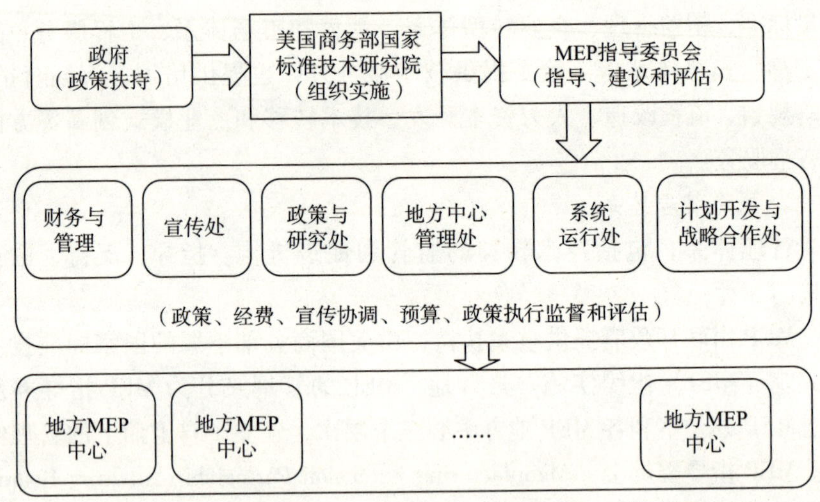

图 4-3 MEP 的管理体系

对 MEP 地方中心的绩效评价，MEP 建立了一套“中心运行报告与评估”（Center Operations Reporting and Evaluation，CORE）系统，监督管理各地方中心绩效，并结合第三方调查统计计划实施效果。包括 MEP 企业信息报告（MEP's Enterprise Information System，MEIS）、第三方问卷调查和成功案例三个子系统。其中：

MEIS 子系统旨在监督 MEP 地方中心工作情况，由地方中心在每季度结束后 30 天内填报已完成技术服务合同的关键信息，包括完成项目客户名、项目编号、服务情况、参与人员、服务小时数、客户联系信息等。

第三方问卷调查子系统旨在跟踪统计 MEP 技术服务的影响，一般在 MEP 地方中心技术服务合同结束 6 个月左右由 NIST 委托独立调查机构按季度开展，对象是接受 MEP 地方中心服务的中小制造业企业，每轮一般为期四周，调查近 3000 家企业，收集与 MEP 地方中心服务相关的销售收入、就业岗位、投资、成本节约、满意度等可量化信息。问卷多为在线填写，平均反馈率在 80% 以上。

成功案例旨在深入总结 MEP 技术服务的最佳实践，通过 MEP 网站和相关活动传播和共享。案例由各 MEP 地方中心按照 NIST 设计的模板整理编写，包括面临的技术问题和挑战、技术方案和效果三部分内容。

在 CORE 的基础上，NIST 经分析汇总每年发布《MEP 年度报告》和

《MEP 年度社会经济效益报告》。这些年度报告的统计发布在督导总结工作的同时，起到了良好的宣传效用，对扩大 MEP 影响、吸引更多企业客户方面效果显著。

三　比较分析

中国科学院北京国家技术转移中心是我国技术转移示范机构的先行者与领跑者，在推动技术转移和科技成果方面走在时代的前沿。对资源供给方与转化接受方各自的目标诉求缺乏准确把握，是技术转移服务机构发展的“瓶颈”之一。自成立之初，北京中心就将挖掘北京地区发展需求与摸清中科院的科技资源作为提高技术转移效率的突破口，围绕中关村重点发展的战略性新兴产业和新技术产业领域需求，深入中科院京区和京外研究所，加大优秀科技成果挖掘力度，推进中科院重大产业化项目在京落地。自 2011 年，随着院市合作的深入，北京中心成为北京市科委、中关村管委会、海淀区政府和中科院北京分院四方共建单位，在推动科技成果转移转化方面取得了瞩目的成绩。

应该看到，北京中心是由政府主导成立，为了发展科技创新而建立的非营利性机构，受政府部门管制，有着严格的规范体系。然而社会各层次的不同需求，科技中介服务经营主体也要求多样化。科技服务是市场化的产物，是产业链向高端延伸的重要一环，这一环节更需要市场识别，应减少政府干涉，以多样化为其发展模式，使其服务功能更容易被科技企业和服务对象识别。与其他发达国家的科技服务行业比较，国内主要以政府主导模式发展科技中介组织。但随着国内国际科技进步，国内市场在科技甄别方面与国际接轨，企业化运作模式越来越受到重视，随着创新能给个人带来巨大收益被社会接受，以盈利为目的科技服务中介受到市场认可。在盈利模式上，服务佣金和服务产品出售是科技中介机构的主要收入方式。主要收入方式是服务产品的出售，这对于科技中介机构而言是一大进步。服务产品化表明科技中介服务水平的改善和服务层次的深入。服务产品化能够凭借科技中介机构自身的人才、技术优势，直接参与创新主体的技术创新过程中，应该大力鼓励提倡。

由于历史原因，我国科技中介机构往往都是由政府管制的事业单位，有着强烈的政府色彩。而且政府对科技中介机构的管理和支持都存在很大程度上的误导，导致科技中介机构发展空间不大，妨碍市场运作，不能充分发挥其社会功能。在市场机制下，政府扮演制定规则制度、调控市场运作、确保市场经济的有效性和公正性的角色，而不是直接干涉参与市场机制。这样会使科技中介机构对政府的依赖性强，服务内容单一，缺乏公正性。虽然近年来我国一些科技中介机构实现了自收自支，甚至盈利的目标，但整体上中国的科技中介机构还没实现经济上的独立，权利上的灵活运用。此外，还存在机构与机构之间缺乏有效交流与协作，导致信息不流通，资源得不到有效共享，造成资源浪费。高校、科研院所和科技企业等在大方向上很依赖政府政策，自主创新研发意识薄弱，自身的管理体制和研发体系不够完善，落实力度和落实效果不强，过于依附政府调控。

一套完善的政策体系与市场管理方法是科技中介服务发展的基础与保障。国家出台了多项政策法规来扶持科技中介体系，但政策过于笼统，实际实施性与操作性不强。很多中介机构市场化进程缓慢，业务项目没有很好地投入运营，是由于政府缺位、科技中介服务市场识别不足和科技中介机构对行业发展规律认识不够等造成政策制定无法落实。目前大多数的科技中介机构的法律定位、经济贡献、管理体制、运行机制等还未明确。在行业管理方面，除评估、咨询、技术市场等领域在少数地区有特定的行业管理措施以外，其他科技中介服务领域十分欠缺相关的制度管理体系。

人才资源是发展科技的重要保障，在国内，大多数的科技从业人员能力不足，没有受过专业的教育，知识背景单一，还未形成适应市场机制的专业化人才团队，而科技中介体系需要的是具备综合能力与高素质的复合型人才。在我国的教育制度下，这种人才恰恰是最匮乏的。

在中国鼓励自主创业的大背景下，科技中介机构还需要更多地着眼于中小型企业。英法等发达国家科技中介机构主要面向广大小企业群，美国早在20世纪80年代初就创建了专门为中小企业提供全方位服务且从属于美国商务部小企业管理局的小企业发展中心、信息中心和在大学中建立的生产力促进中心等多个科技中介服务机构。因此，我国在构建科技中介机构体系时应围绕中小型企业的技术创新需求。在市和部分区县、开发区中组建小企业中介服务大厅，整合社会中介服务资源，吸引专业人士进行创业创新指导、咨询与培训、代理劳动保险、财务管理服务、法律帮助、融资担保、市场开拓营销和其他社会化服务机构入驻，帮助中小企业从创建到发展壮大的整个过程的集成性服务。

四　经验借鉴

（一）管理规范化——逐步完善技术扩散服务体系的法律体系

应高度重视、提高立法等级、建立独立的国家技术扩散服务机构，明确技术扩散服务机构的任务和地位；以计划等形式加强技术扩散服务机构的能力建设；协调和规定政府部门、技术创造方、扩散方、使用方的关系；给予非营利性技术扩散服务机构优惠政策（财政政策、税收减免等），建立专门的资助政策和配套措施，通过合理引导多种组织形式协调各方的利益关系，通过政策引导鼓励社会资金投入；完善风险投资体系、融资担保体系；鼓励企业间、企业与国家研究机构和高校进行合作研究；创造公正公平的市场竞争环境。

（二）组织网络化——构建技术扩散服务网络联盟

构建多层次、多要素构成的技术扩散服务网络联盟，包括企业、中介机构、高等院校、政府部门等，以业务链、地域互助、优势资源共享为纽带，进行业务信息的最大化利用和业务利润的深层次挖掘；加强定期的外部评估以指导相关计划的规划和战略性调整。逐步建立和完善内部成果报告与评价系统，探索引入外部评估机构参与，开展对计划实施社会经济效益的统计，在加强监督指导和成果管理的同时，提升成果产出的公信力，取得更好的社会影响，进而形成正向反馈，进一步推动计划实施效果。

（三）服务优质化——促进技术扩散服务内容的差异化、规范化

为企业提供质量管理、现场管理、流程优化等方面的咨询与培训，从生产工艺层面切实提高企业制造水平；引入质量管理体系，按照ISO9000标准提升技术扩散服务质量的规范化，在服务过程识别、服务产品提供、服务质量改进等方面加以流程化；在信息服务手段上，针对不同行业开发一批国内外与技术扩散服务相关的数据库，如专利、技术标准、知识产权、海外投资环境、产业营销等数据库。建立科学信息服务分级、分类管理的规则和模式，使科学数据服务规范化、标准化。

（四）人才专业化——大力促进技术扩散服务行业的人才专业化建设

培育、认证专门的具备丰富的生产管理经验和现代工艺知识的专家

队伍，为企业提供质量管理、现场管理、流程优化等方面的咨询与培训；设立“技术扩散服务人才培训计划”，对于行业紧缺的人才培训项目给予资助；探索在高等学校设立技术扩散服务中介专业课程，招收专科、本科甚至研究生等各类层次的专业人才，以此来加强科技中介人才的培养力度。

建立和完善技术扩散服务相关的职业培训和资质认证，全面提升从业人员的业务水平和整体素质。

第三节　基础工艺技术扩散服务体系的模式

一　基础工艺技术扩散服务体系模式构建

基础工艺技术扩散服务体系模式构建在对基础工艺技术扩散服务体系构成要素分析及归类的基础上，根据三大要素形成相应的三大要素体系，即组织要素服务体系、资源要素服务体系、环境要素服务体系，共同构成基础工艺技术扩散服务总体系。

（一）组织要素服务体系

组织要素服务体系由组织要素构成，按照基础工艺技术扩散的路径可依次分为技术创造者、技术扩散者、技术转化者及政府相关部门。依据四要素的主要内容及主要职责的不同，组织要素服务体系分为 4 个子体系：基础工艺研发服务体系、技术推广转移服务体系、企业间协同服务体系、基础性公共服务体系（如图 4－4 所示）。

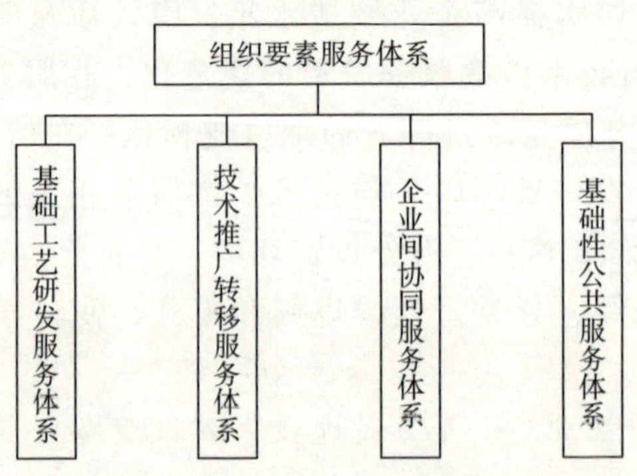

图 4－4　基础工艺技术扩散服务体系的组织要素服务体系

高校及科研院所作为基础工艺技术创造者，是区域产、学、研合作的推动者，其主要职责是结合区域经济发展需要及产业结构特点，有针对性地开展相关科研活动，二者共同构成了基础工艺研发服务体系。

科技中介机构作为技术扩散者，能有效地促进基础工艺技术转化，使技术创新实现商业价值，同时对企业供需双方的互动合作生产新技术有重要的桥梁作用，其主要职责是推进技术支持与推广、技术贸易及评估咨询工作的开展，该要素主要形成了技术推广转移服务体系。

企业作为实现基础工艺技术创新成果商品化和发展先进基础工艺技术的主体，各企业间既是利益共同体，又是利益竞争者，为更好地让企业发展，企业间应形成企业间协同服务体系，共同努力、相互协作、实现“双赢”。

政府及相关部门，如科技厅（局）、专利局等机构也是组织要素的重要组成部分，它们作为基础工艺技术服务体系中的特殊服务者，其主要职责是以市场为导向，促进资源整合，有效推动产、学、研一体化，形成了基础性公共服务体系，这部分组织为基础工艺技术扩散服务体系中其他性质的组织机构提供扶持政策、法律法规等基础性服务，同时引导其他组织机构行为，协调各子体系之间的关系。

（二）资源要素服务体系

基础工艺技术资源是指在基础工艺研究与试验发展（R&D）、R&D成果应用以及基础工艺技术服务活动中，各种要素的组合。从内容构成上看，通常认为基础工艺技术资源由五大部分组成，即基础工艺技术人力资源、基础工艺技术财力资源、基础工艺技术物力资源、基础工艺技术组织资源及基础工艺技术信息资源。基础工艺技术组织资源应被划归到组织要素体系、基础工艺技术信息资源应被划归到环境要素中。因此，结合基础工艺技术扩散服务体系资源要素主要构成，其形成体系细分为三类：人才服务体系、创新投入服务体系、研发设备服务体系（如图4－5所示）。

基础工艺技术人才服务体系对应资源要素中的基础工艺技术人员要素，旨在为人才的引进、培养提供便利和支持，为基础工艺技术进步提供可靠的人才保障，使优秀的人才能够找到适合的岗位与良好的工作环境，充分发挥各类基础工艺技术人才的聪明才智。

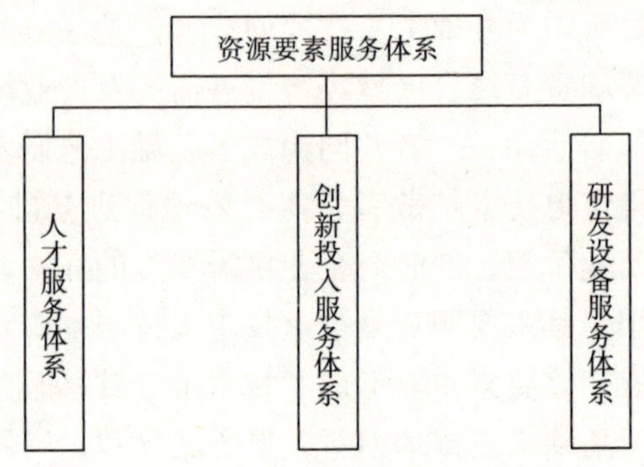

图 4－5　基础工艺技术扩散服务体系的资源要素服务体系

基础工艺技术创新投入服务体系主要对应资源要素中的资本要素。先进基础工艺技术的研发与推广无疑需要大量的资金支持，应积极开拓基础工艺技术创新投入渠道，逐步建立以企业投入为主体，政府投入为导向，金融机构和社会各方广泛参与的基础工艺技术创新投入体系，努力搭建融资平台，拓宽资金来源，为基础工艺技术成果的研发和推广提供充足的资金保障。

基础工艺技术研发设备服务体系主要对应资源要素中的物力要素，主要包括基础工艺技术研发实验仪器、设备的购买、管理、升级维护、配件供应、重点实验室的建设等与工艺设施有关的一系列服务，它是由若干相关设备制造商、供应商、零售商、设备使用者共同构成的集合体。

（三）环境要素服务体系

组织所处的环境一般包括内外两个方面。基础工艺技术扩散服务体系作为一个系统，与内外部环境之间不断地发生着物质、能量或信息等各种交换关系。该系统的外部环境主要包括：宏观外部环境，即市场环境、制度环境、人文环境、技术环境等；微观环境，是指系统的利益相关者所构成的环境，如地方政府、体系以外的其他企业、竞争者等。由于将其微观环境的各要素归结为组织要素，将基础设施要素纳入资源要素，故此处不再讨论。基础工艺技术扩散服务体系的环境要素服务体系主要包括四个方面：政策法规服务体系、市场发展服务体系、技术信息服务体系、创新文化服务体系。具体如图 4－6 所示。

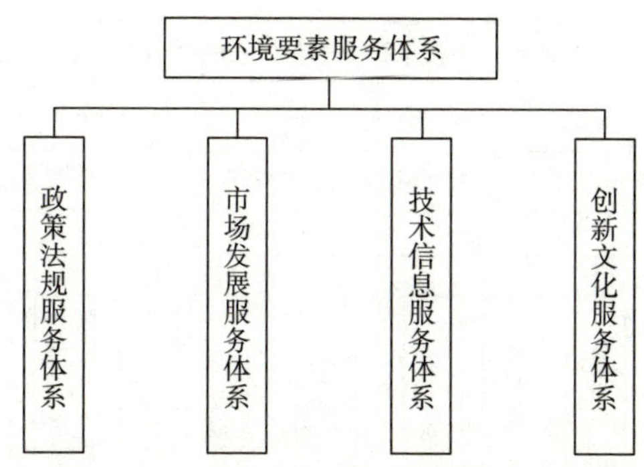

图 4-6　基础工艺技术扩散服务体系的环境要素服务体系

政策法规体系的主要职责包括：一是明确基础工艺技术扩散服务体系相关机构的法律地位，对其合同关系及法律责任等进行分析；二是制定与完善技术开发、成果转化、金融信贷、风险投资等相关政策制度及地方法规条例；三是对基础工艺技术服务机构管理条例、信誉评估等地方性法规条例进行完善与管理，共同规范促进基础工艺技术服务业发展。市场环境是企业创新活动的基本背景，包括市场组成、市场需求、信用程度、竞争激烈程度。创新环境是维系和促进创新的保障因素，包括营造一个有利于创新的文化氛围和创业环境等。技术信息服务体系旨在为信息共享搭建平台。综上所述，组织要素服务体系、资源要素服务体系、环境要素服务体系这三大要素体系共同构成基础工艺技术扩散服务体系的系统层次模型，如图 4-7 所示。

二　基础工艺技术扩散服务体系模式能力分析

基础工艺技术扩散服务体系的作用主要是促进先进基础工艺技术向广大企业的扩散和应用。其服务能力包括协同服务合作能力、成果转化及推广能力和资源要素整合能力等方面。

（一）协同服务合作能力

基础工艺技术扩散服务体系由若干相互独立又互相影响的要素和子系统构成，体系构建过程中，联合与协同是创新主体间发挥各自优势，实现有机互补的根本途径，因此必须将各类主体有机整合起来，打破行政限制，最大限度发挥协同的作用，推动产、学、研联盟建设；同时利用网络等信息手段，对创新资源进行整合，促进生产要素有序合理流动，通过生产要素的优化配置，降低成本。例如通过建立高校、企业与

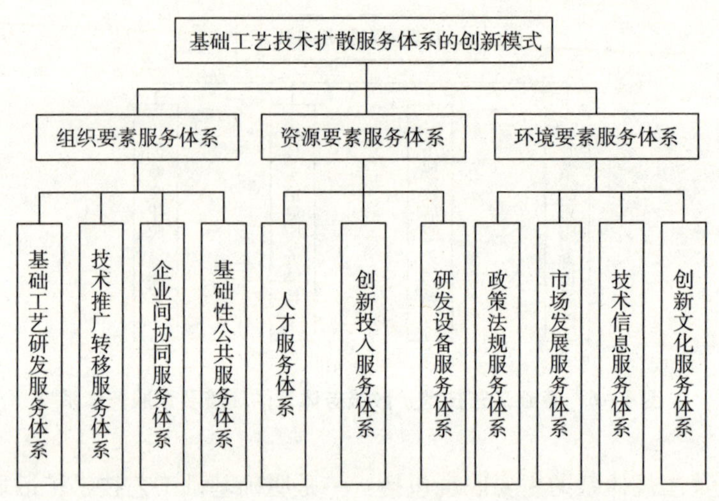

图 4-7　基础工艺技术扩散服务体系的系统层次模型

地方协同创新机制，引导高校主动与企业共建实验室或参与企业研发平台建设，开展先进基础工艺技术研究。

（二）成果转化推广能力

当前由于信息不对称现象的普遍存在，信息链条出现断层，导致高校及科研院所产生的科技成果大量闲置，转化率极低，进而造成了资源的极大浪费。在基础工艺技术扩散服务体系的模式构建中，必须强化对基础工艺技术成果转化能力的培育，加强技术交易市场建设，积极鼓励发展技术中介等服务组织，壮大技术中介服务队伍，积极探索在市场经济中科学、高效的基础工艺技术成果推广转化运行机制。建设以高等院校、科研院所为依托，以基层技术推广机构为骨干，以企业与民间基础工艺技术服务组织为补充，以龙头企业等为基础的基础工艺技术推广体系。

（三）资源要素整合能力

资源整合是系统论的思维方式，就是要通过组织和协调，把基础工艺技术扩散服务体系内部彼此相关却又彼此分离的各组成要素以及各自的职能整合起来，充分调动各方的积极性，提高基础工艺技术扩散服务体系的有效性和合理性。在该过程中，可充分借助大数据这一技术支撑工具，全面打造新型服务体系大平台，通过对包含从创造者到使用转化者在内的所有参与者提供相关服务，共同营造一个相互促进、协同创新、实现多赢的局面，推动基础工艺技术扩散服务产业的升级发展。

基于上述要素和能力，构建基础工艺技术扩散服务体系的创新模式。如图4－8所示。

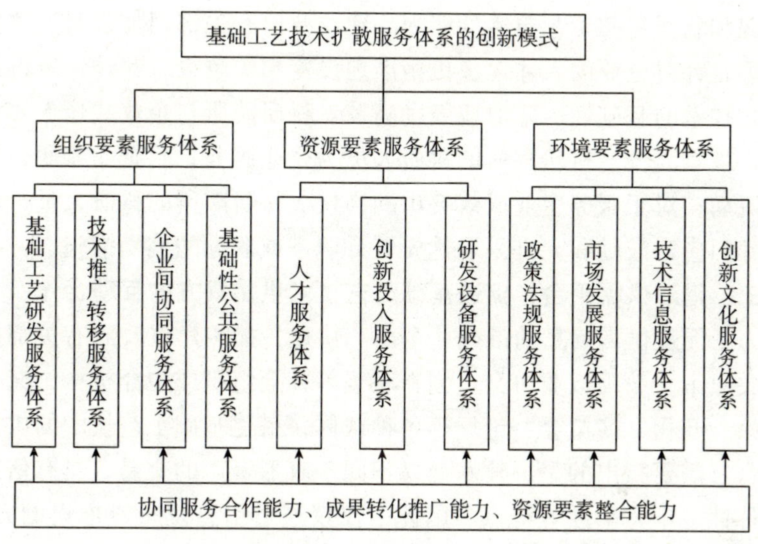

图4－8　基础工艺技术扩散服务体系创新模式

第四节　基础工艺技术扩散服务体系的政策建议

一　通过财税政策，提高基础工艺技术供需双方的经济利益

目前，国家虽然针对技术转让和开发，已有相关的税收减免政策，但存在的不足是将共性技术与其他各类技术作同等对待。建议有关部门在现有的税收减免政策的基础之上，配套制定财政补贴或奖励政策，突出对基础工艺技术扩散的引导和鼓励，可根据基础工艺技术扩散的范围、速度和所产生的经济社会效益，给予供给方一定的财政补贴或奖

励。同时，建议出台鼓励需求方采用基础工艺技术的财政引导政策，通过降低其使用成本或增加其使用收益的方式，提高其采用基础工艺技术的积极性。

二 完善人才政策，提高企业利用基础工艺技术的能力

基础工艺技术属于技术基础设施的范畴，具有基础性特征，而当前中国的大多数企业中缺少与基础工艺技术相适应的人才配置，影响了企业掌握和利用基础工艺技术的能力。建议政府有关部门加强对人才政策的完善，针对企业的人才短板更精准地设定相关政策。此外，考虑到基础工艺技术的基础性，政府应鼓励高校、科研院所与企业共建人才培养基地；鼓励高校、科研院所的科研人员为企业服务，到企业兼职，或向企业流动；对于服务企业成效突出的高校、科研院所的科研人员，政府有关部门应当鼓励和允许采取优先晋升职务或职称的奖励措施。

三 搭建供需平台，促进基础工艺技术供需双方的互动合作

为了促进供需信息的准确、全面、快速传播，建议政府有关部门制定相关政策，鼓励行业协会、创新联盟等社会组织或中介机构，充分依托网站、刊物、博览会、论坛等各种载体，搭建基础工艺技术的供需对接平台。需要指出的是，技术交易不同于有形资产的交易，具有信息的非对称性、不完全性等特点，因此，仅仅通过信息发布或推送的方式，还不足以实现供需对接。关键是需要有一批专门从事供需对接服务的人员，对“信息”进行专业的收集、分析和推送，促进供需互动。

四 加大对基础工艺技术“熟化”的资助力度，提高技术性能，降低技术风险

从需求方的角度，基础工艺技术相比于企业已有的技术，如果优势越强，就越容易被企业接受，如果新技术的技术风险性越低，也越容易被企业接受。因此，为了加快基础工艺技术的扩散，政府可以出台相关政策，针对已有的基础工艺技术，通过财政资助的方式，支持技术的拥有方持续研发，进一步提升技术的性能，使技术的优势更强、风险更低，以利于基础工艺技术更容易获得市场的认可。

五 鼓励或强制淘汰企业的落后技术

企业对新技术具有一定的保守性。当某基础工艺技术的革新程度较高，企业在利用该新技术时需要花费的后续研发投入以及在人员、设施等方面投入的升级改造成本就会较高，企业因此就不倾向于引进该基础

工艺技术。为此，政府有关部门要出台相应政策，鼓励和支持企业引进新的基础工艺技术、淘汰落后技术，并可根据产业发展的战略规划和重点领域，对淘汰不同的落后技术采取不同的举措和力度，例如，对淘汰一般技术可给予一定比例的财政补贴，对特定技术可采取强制淘汰的措施。

第五章　专题研究（一）：知识产权公共服务体系

在知识经济时代，知识产权是决定一个国家综合竞争力的核心，拥有自主知识产权的数量和质量已经成为决定一个国家科技、经济实力和综合竞争能力的重要指标。当前，实施知识产权战略已经成为我国的国家战略，而知识产权服务体系作为知识产权战略的重要内容，其发展完善对于增强我国企业创新能力、提高我国在全球价值链分工体系中的地位、加快转变经济发展方式具有十分重要的意义。随着对知识产权保护意识的提高和参与国际分工的深入，我国对于知识产权服务的需求将不断增长，知识产权服务具有广阔的市场空间和发展前景。2016 年 12 月 30 日出台的《知识产权综合管理改革试点总体方案》（国办发〔2016〕106）中也明确指出要"……深化知识产权领域改革，依法严格保护知识产权，打通知识产权创造、运用、保护、管理、服务全链条，构建便民利民的知识产权公共服务体系，探索支撑创新发展的知识产权运行机制，有效发挥知识产权制度激励创新的基本保障作用，保障和激励大众创业、万众创新，助推经济发展提质增效和产业结构转型升级"。自 2018 年起，一批新法的实施为知识产权获取、管理和保护提供了新的法律依据。例如，新修订的《中华人民共和国反不正当竞争法》自 2019 年 4 月 23 日起正式实施。其针对混淆行为、侵犯商业秘密行为、互联网领域不正当竞争行为等知识产权侵权行为做出了相应规制。同时，新修订的《中华人民共和国中小企业促进法》等一批法律法规也自 2018 年 1 月 1 日起正式施行。新修订的《中小企业促进法》兼顾市场公平和保护。其中明确，国家鼓励中小企业研究开发拥有自主知识产权的技术和产品，规范内部知识产权管理，提升保护和运用知识产权的能力；鼓励中小企业投保知识产权保险；减轻中小企业申请和维持知识产权的费用等负担。

第一节　知识产权公共服务概念界定

一　知识产权公共服务的内涵

公共服务（Public Service）的概念起源于19世纪末德国，并成为21世纪公共行政和政府改革的核心理念，其内涵“就是提供公共产品和服务，包括加强城乡公共设施建设，发展社会就业、社会保障服务和教育、科技、文化、卫生、体育等公共事业，发布公共信息等，为社会公众生活和参与社会经济、政治、文化活动提供保障和创造条件，努力建设服务型政府”。公共服务以合作为基础，强调政府的服务性，强调公民的权利，是政府介入的一种服务供给机制。自20世纪70年代开始，为了应对时代发展的挑战与要求，主要发达国家以“政府外包”“政府业务合同出租”“竞争性招标”等方式，引入市场竞争机制，鼓励社会力量进入公共服务领域，形成了政府与社会合作供给公共服务的格局。

知识产权具有天然的公共性。知识产权制度设计的目的就是赋予发明创造者一定期限的独占权，鼓励其将智力成果公开，促进知识产权信息的扩散，让社会从中获益，促进人类的文明进步。智力成果在交换和消费中并没有损耗和丧失，反而可以通过知识的积累和应用，实现知识的增值。知识产权与公共利益密切相关。知识产权公共服务是指“政府部门、市场和社会等公共服务主体通过共同合作，依托知识产权公共资源为企事业单位和公民提供的与知识产权有关的各项服务”（王淑贤，2009）。“知识产权公共服务就是强调知识产权政府管理部门的服务职能，使用公共权力或公共资源，创新服务载体和服务形式，丰富服务产品和服务内容，满足人们生活、生存与发展的直接需求，促进经济社会的健康发展”（吴离离，2011）。知识产权公共服务贯穿于知识产权的研发、获取、应用和维护等的全过程。

二　知识产权公共服务构成要素

知识产权公共服务的基础是知识产权制度和相关的法律、法规、政策；公共服务的对象是高新技术企业、中小企业、知识产权权利人和其他创新主体；公共服务的载体是政府部门、中介机构、大学和研究机构、行业协会、知识产权事务服务中心等；公共服务的内容包括知识产权的获取、维护、应用、维权等一系列涉及知识产权的事项。

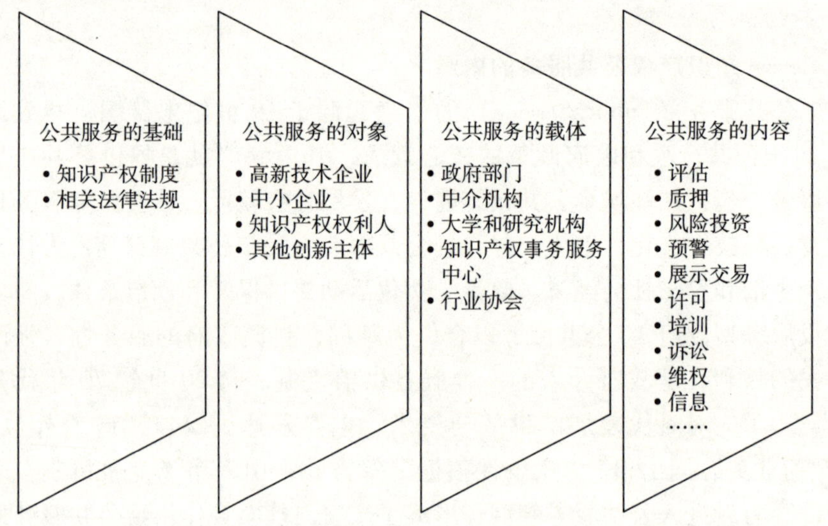

图 5－1　知识产权公共服务构成要素

三　知识产权公共服务结构模块

知识产权的公共服务可以分为六大模块，具体包括知识产权代理服务、知识产权交易服务、知识产权法律服务、知识产权融资服务、知识产权信息咨询服务、知识产权人才培养服务。这六大模块互相联系，彼此支撑。

通过以上分析可以看出，知识产权公共服务是以专利、商标、版权等知识产权制度和相关法律法规为基础，以政府部门、中介机构、大学和研究机构、知识产权事务服务中心、行业协会等各类组织为服务载体，以高新技术企业等创新主体的知识产权权利人为主要服务对象，为社会提供代理、评估、质押、风险投资、预警、展示交易、许可、培训、诉讼、维权、信息等服务的各类机构和社会资源的总和。从服务内容来看，知识产权服务体系主要包括知识产权创造、流通（运用）、保护和知识产权人力资源服务四个环节。具体地讲，可分为知识产权代理服务、知识产权信息咨询服务、知识产权交易服务、知识产权融资服务、知识产权法律服务和知识产权人才培养服务六个方面。

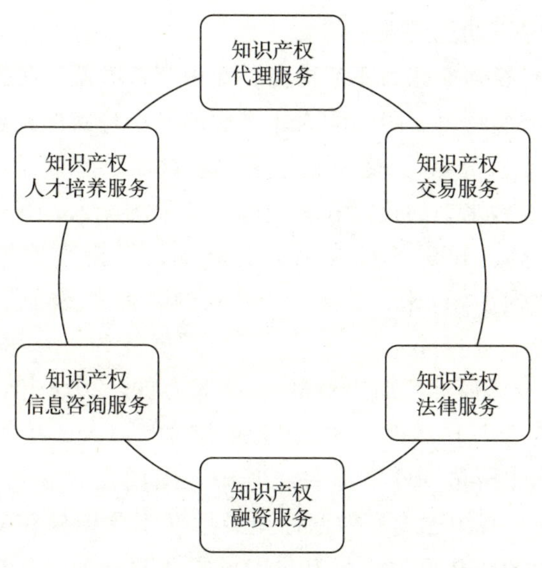

图 5 – 2 知识产权公共服务模块

第二节 我国知识产权公共服务现状

自 2008 年 6 月 5 日国务院发布《国务院关于印发国家知识产权战略纲要的通知》（国发〔2008〕18 号）以来，各地区、各相关部门深入实施国家知识产权战略，促进知识产权工作融入经济社会发展大局，市场主体的知识产权意识日趋强烈。但是，我国的知识产权数量与质量不协调，区域发展不平衡，保护还不够严格，与经济发展融合还不够紧密，管理体制机制还不够完善等问题仍然存在。2016 年 12 月 30 日，国务院印发《“十三五”国家知识产权保护和运用规划》（以下简称《规划》），并出台了《知识产权综合管理改革试点总体方案》，设定了三个目标：知识产权保护环境显著改善、知识产权运用效益充分显现、知识产权综合能力大幅提升。为了完成好上述三大发展目标，《规划》设定了四个重大专项，首要的是：加强知识产权交易运营体系建设，包括完善知识产权运营公共服务平台、创新知识产权金融服务、加强知识产权协同运用等。多年来，随着知识产权成为国家发展战略，我国知识产权服务体系建设初见成效。

一 知识产权创造能力不断提高，知识产权数量和类型不断涌现

知识产权是继物力、财力和人才之后的又一种新的经营资源，被人们称为“第四经营资源”。随着近年来国家对知识产权保护和支持力度的加大、企业技术水平的提高和参与国际竞争的深入，我国知识产权创造能力不断提高，知识产权成果显著增加，保持高速发展势头。自2008年战略纲要实施以来，我国知识产权的数量突飞猛进，其中：

（一）商标

2008年，全国商标注册申请量仅69.8万件。2018年，我国商标注册申请量达到737.1万件，比2017年增加141.66万件，增长率为23.72%。商标注册量500.7万件，其中，国内商标注册479.7万件。截至2018年底，我国国内有效商标注册量（不含国外在华注册和马德里注册）达到1804.9万件，每万户市场主体商标拥有量达到1724件。2018年，马德里商标国际注册申请量为6594件。截至2018年底，我国申请人马德里商标国际注册有效量为3.1万件，同比增长23.5%。2018年，共审结商标注册申请804.3万件，商标注册平均审查周期缩短至6个月以内。

（二）专利

2008年，我国发明专利申请量为82.8万件，授权专利为41.8万件。2018年，我国发明专利申请量为154.2万件。共授权发明专利43.2万件，其中，国内发明专利授权34.6万件。在国内发明专利授权中，职务发明为32.3万件，占93.3%；非职务发明2.3万件，占6.7%。

（三）版权

2008年全国著作权登记总量达1040454份，其中文字作品2823份，音乐作品2084份，美术作品19903份，摄影作品1014365份，设计图292份，其他987份。2018年全国著作权登记总量达3457338件，相比2017年的2747652件，同比增长25.83%。从作品类型看，登记量最多的是美术作品992513件，占登记总量的42.20%；第二是摄影作品917045件，占登记总量的38.99%；第三是文字作品278170件，占登记总量的11.83%；第四是影视作品53224件，占登记总量的2.26%，以上类型的作品登记量占登记总量的95.28%。还有音乐作品

34802 件，占登记总量的 1.48%；录像制品 13406 件，占登记总量的 0.57%；图形作品 11724 件，占登记总量的 0.50%；录音制品 8369 件，占登记总量的 0.36%；模型、戏剧、曲艺、建筑等共计 42699 件，占登记总量的 1.82%。

截至 2018 年年底，我国国内发明专利拥有量共计 160.2 万件，每万人口发明专利拥有量达到 11.5 件，成为继美国和日本之后，世界上第三个国内发明专利拥有量超过百万件的国家，职务发明申请量现居世界第二位，地理标志、集成电路布图设计等注册登记数量也大幅增加。

二　知识产权运用取得突破性进展，市场价值实现途径更加便捷

近几年来，我国在知识产权的流动和运用上取得了突破性进展，知识产权市场价值的实现途径更加便捷。目前，我国大部分产权交易所都已经开辟了知识产权交易平台。上海、天津、武汉等地还专门设立了专业化的知识产权交易所，中国技术交易所推出了企业专利项目的多项投融资服务并开通“知识产权一站式服务平台”。

三　知识产权人才体系初步形成，人才队伍建设得到加强

经过多年的发展，我国知识产权人才体系初步形成。一方面，人才队伍建设得到加强；另一方面，知识产权人才培养体系基本形成。全国已有多所高校在本科阶段设置了知识产权专业，一些院校专门成立了研究基地或知识产权学院，培养了一批知识产权专业人才。地方知识产权局也结合本地区特点，举办了多种形式的培训班，为知识产权事业的发展提供了必要的人才支持和智力保障。

四　知识产权政策法规不断完善，知识产权保护服务能力得到加强

近年来，我国重视并加强对知识产权的保护，逐步建立起知识产权法律制度体系，积极参加知识产权国际公约，特别是为应对入世而将知识产权法律法规进行了系统修订和补充，地方知识产权法规制定工作取得实质性进展。总体来看，我国知识产权制度发展迅速，由低水平向高水平跨越，从本土化走向国际化。与此同时，知识产权保护能力大大加强，知识产权服务不仅包括对知识产权的运用和管理，还涉及知识产权保护。处理知识产权纠纷能力的提升是我国知识产权服务体系服务能力进步的重要标志。

五　新的知识产权运营服务模式不断得到探索与实践

为了有效地促进知识产权与创新资源、产业发展、金融资本融合，

自2014年以来，国家知识产权局会同财政部以市场化方式开展知识产权运营服务试点，确立了在北京建设全国知识产权运营公共服务平台，在西安、珠海建设两大特色试点平台，并通过股权投资重点扶持20家知识产权运营机构，示范带动全国知识产权运营服务机构（N）快速发展，初步形成了“1+2+20+N”的知识产权运营服务体系。下面着重介绍几个有代表性的知识产权运营平台。

（一）全国知识产权运营公共服务总平台

该平台由华智众创（北京）投资管理有限责任公司建设和运营，目前正在快速、有序、稳步建设中。

（二）国家知识产权运营军民融合特色试点平台

2017年2月24日，该平台线上交易平台正式上线，核心内容包括5大功能模块和3大线下体系，其中5大功能模块包括：一个“知识产权交易运营线上平台”、一个“云服务知识产权大数据中心”、一个“线下服务大厅及运营服务体系”、一个“知识产权运营转化基金”和一个“军民融合知识产权研究院”；3大线下体系包括：一个“专利技术经理人协会”、一个“中国军民融合知识产权运营联盟”、一个“‘一带一路’知识产权联盟”。

（三）位于珠海的国家知识产权运营横琴金融与国际特色试点平台

2014年12月，国家横琴平台获批成立，它是国家知识产权局会同财政部以市场化方式开展的知识产权运营服务试点之一，其致力于提供以知识产权金融创新、知识产权跨境交易为特色的全方位、一站式的知识产权资产交易和服务交易，开创知识产权与资本市场密切结合的知识产权运营新模式。其旗下的七弦琴知识产权资产与服务交易网已推出八种主要产品：知识产权资产（专利、商标、版权）交易、知识产权服务（代理、诉讼、分析、咨询、培训）交易、知识产权创业项目（以知识产权为核心的创业项目）交易、知识产权运营（受托、收购、专利池、标准化）服务、创业辅导及投融资服务、研发服务、设计产业服务、知识产权支撑型商品交易。

以上三个平台是政府投资建设的“1+2+20+N”知识产权运营体系中的“1+2”；另外，目前社会资本投资的平台（N）有：

（1）以麦知网和尚标知识产权为代表的专注于商标交易的平台；

（2）高航网等专注为客户提供知识产权设计开发、转让交易和授权许可的综合解决方案的业务平台；

（3）峰创智诚等企业知识产权托管或者辅助管理（如知识产权人力资源中介业务）、专利池等业务的平台；

（4）IPRdaily 等以媒体为主作为入口，深耕产业服务的信息平台；

（5）思博等专利撰写、贯标培养等业务平台；

（6）汇桔等知识产权电商的专利转让平台；

（7）广州高鑫科技等扎根某一领域的技术转移平台；

（8）智慧芽等检索类平台。

六　引导设立知识产权运营基金，知识产权运营服务体系初步形成

政府引导设立知识产权运营基金和知识产权质押融资风险补偿基金，初步形成了“平台+机构+资本+产业”四位一体的知识产权运营服务体系，为专利的转移转化、收购托管、交易流转、质押融资等提供了支撑平台。知识产权基金是知识产权资本市场运作和知识产权投融资的主要模式之一。在国外很多专利运营基金已形成了相对完善成熟的运营模式，在国内尚属新事物。知识产权运营基金与一般的创投基金不同，它的每一项投资都是围绕知识产权进行。通过设立知识产权方面的投资基金作为直接投资工具，不仅可以为自主创新型企业或个人提供必需的资金、技术、管理经验等方面的支持，还有效地提高了资本市场的资源配置能力，降低了经营风险，从而为科技创新和经济结构转型发挥巨大的推动作用。近年来，在相关政府部门的引导和推动下，我国多地先后成立了多家知识产权运营基金来激活存量知识产权，缓解创新型中小企业面临的融资难问题。

国内几个比较典型的知识产权运营基金如下：

（一）北京市重点产业知识产权运营基金

2016 年 1 月，为充分发挥资本市场对知识产权的激活作用，为北京全市创新发展赢得战略空间，北京市重点产业知识产权运营基金应运而生。该基金由中央和北京市财政共同出资发起设立，计划规模 10 亿元人民币，首期 4 亿元已启动并认购完毕。未来，该基金将投资于现有的核心知识产权和未来 5 年至 7 年具有行业前景与技术趋势的前沿技术，包括以知识产权为核心的无形资产，以及拥有这些技术且以知识产权为核心资产的新兴创新企业等。

（二）国知智慧知识产权股权基金

2015年11月，国家资金引导的知识产权股权基金——国知智慧知识产权股权基金在京发布。基金主发起方北京国之专利预警咨询中心（国之中心）是国内首家提供专利应急和预警咨询服务的专业机构。基金合作方北京清林华成投资有限公司是以私募投资管理为主业的股权投资企业。

该基金首期1亿元规模，主要投资拟挂牌新三板的企业，定向用于企业知识产权挖掘及开发。基金将在细分行业及细分地域上与其他机构合作，大规模复制并撬动社会资本参与，在助力专利创新和企业知识产权保护中最大限度地发挥政府资金引导性作用。

（三）睿创专利运营基金

2014年4月25日，中国第一只专注于专利运营和技术转移的基金——睿创专利运营基金在中关村正式宣告成立。本基金委任具有国际知识产权运营经验的智谷公司进行管理，在中国开创了一种全新的商业模式。基金预计募集3亿元人民币，北京中关村管委会和海淀区政府各出资2000万元，金山、小米、TCL等多家从事智能终端与移动互联网业务的公司参与投资。第一期基金将重点围绕智能终端、移动互联网等核心技术领域，以云计算、物联网作为技术外延，通过市场化的收购和投资创新项目等多种渠道来集聚专利资产。

（四）四川省知识产权产业投资基金

2015年12月29日，作为2015年财政部、国家知识产权局确定的十只知识产权运营基金之一的四川省知识产权运营基金注册成立。基金委托四川发展股权投资基金管理有限公司管理，采取“1+3+N”方式组建，省级财政及成都、德阳、绵阳三市财政，连同四川省内有关国字号知识产权示范优势企业和知识产权服务机构、银行和投资机构等其他社会资本发起成立四川省知识产权运营基金，基金总规模7亿元，首期注资2.8亿元。

四川省知识产权运营基金实行市场化运营，主要采取直接投资的股权投资方式，投向知识产权优势企业知识产权运营、高价值专利池（专利组合）的培育和运营、知识产权重大涉外纠纷应对和防御性收购、涉及专利的国际标准制定、产业专利导航、产业知识产权联盟建设、产业核心技术专利实施转化和产业化等。

第三节　我国知识产权公共服务存在的问题

一　知识产权要素缺乏流动性

我国知识产权数量虽然庞大，但大部分知识产权并没有充分实现其价值，因此，在体制机制上需鼓励将知识产权作为商品投入市场，促进科技成果向生产力转化，技术、资金、人才等创新要素以知识产权为纽带实现合理流动。但目前知识产权运营平台和手段还不够完备，市场主体运用知识产权的能力还不够强。所以构建、加强和完善知识产权的运营体系以激活知识产权，使知识产权要素流动起来从而实现知识产权价值最大化迫在眉睫。

二　知识产权服务管理机制不合理

知识产权服务管理运行机制不合理主要源于相对分割的知识产权管理体制。在我国，知识产权的行政管理工作分别由国家知识产权局、国家工商行政管理总局商标局、国家版权局、文化部等多部门负责，各部门分别管理某一领域的知识产权，国家知识产权局实际上只管理专利领域的事务。从国际经验看，全世界目前实行知识产权制度的196个国家和地区中，有180多个是由统一的工业产权局进行集中管理，只有不到10个国家实行分散管理。知识产权的分散管理模式行政管理成本较高，管理体系相对割裂，甚至出现政出多门、制度不一的情况。

三　知识产权法律、政策缺乏系统性

由于管理部门不统一，导致政出多门，因而知识产权政策缺乏系统性和连贯性，甚至存在很多政策互相矛盾的情况。同时，由于管理部门的不统一，导致各部门在出台政策时，无法进行系统性的思考和决策，只能是“各司其职”。如国家知识产权局在出台政策时，实际上只能是针对专利等技术类的知识产权，而对商标权和著作权等根本无法涉及。

四　知识产权服务从业人员数量不足、素质有待提高

由于知识产权服务高度依赖专业性知识，对从业人员的要求比较高，不仅要求具备知识产权的基本知识，而且根据所从事的不同领域需要不同的专业知识。总体上看，我国知识产权服务体系从业人员存在总量不足、结构短缺和素质不高的问题。按照国际标准，一般企业应按研

发人员1%—4%的比例配置知识产权人才，而我国当前的知识产权队伍远不能满足我国知识产权快速发展的需要。而现有知识产权从业人员知识结构单一，业务素质同质化导致机构服务水平和层次较低，多数代理人知识面窄，只具备相关领域的代理知识和技能，不能胜任创新主体日益增加的知识产权服务需求。

五 服务机构发展不健全，行业秩序有待规范

当前，我国知识产权服务业的产业规模和企业规模还比较小，水平参差不齐，行业集中度不高，行业秩序有待规范。部分知识产权行业的准入门槛较低，导致一些低资质机构盲目进入，既恶化了行业竞争环境，也损害了行业诚信氛围。

六 知识产权服务范围较窄、服务层次较低

从所提供的服务来看，我国知识产权服务体系总体上还不够完善。一是服务范围比较狭窄。目前，我国知识产权服务基本还停留在专利、商标等传统知识产权领域，在创意、服务外包等产业尚处于起步阶段，较少涉足地理标志、遗传资源、传统知识、民间文艺等新兴领域。这种服务能力难以适应当前技术创新日新月异和新兴产业突飞猛进的发展态势。二是服务集中于低端环节。我国知识产权服务多集中在传统的法律咨询、代理、资格审查、纠纷诉讼等方面，在知识产权价值评估、产权融资、知识产权预警等方面尚处于起步阶段，难以为企业提供前瞻性、战略性的高水平服务，价值评估、产权融资等方面发展得相对落后，严重影响了我国知识产权的有效运用，制约了知识产权业的整体发展。

七 国际化合作背景下，知识产权取得和维护的难度和风险增大

随着中国国际化水平日益提高和“一带一路”倡议的实施，企业获取和维护知识产权的难度和风险也日益增大。在技术保护方面，由于外国与中国立法例不同，因此在专利审查速度、执法程序上均有所不同，使中国企业在国外申请专利或遭遇侵权时面临更多的困难。在商标申请方面，不少“一带一路”国家与中国一样实行“申请在先”原则，这就给商标抢注留下了空间。而国内知识产权公共服务中，在这些方面的信息和服务明显不足。与此同时，知识产权跨境争议风险进一步加大，近年来，针对中国以知识产权为主要内容的争议数量大幅上升。而随着中外企业商业合作的加深，可以预见与知识产权相关的争议也必将

继续呈上升趋势。

八 知识产权运营仍处于起步阶段，缺乏可持续性的商业模式或盈利模式

知识产权运营平台建设的快速推进是我国知识产权运营体系建设的一个缩影，这些平台的建立促进和加速了知识产权交易价值的实现。但这些平台的利用率并不高，导致这些平台的生存比较艰难，有的靠母体支持（如大学、科研院成立的内设机构），有的靠其他业务的盈利间接支持知识产权运营业务，有的甚至靠成立时获取的政府财政拨款的利息或政府投资所建的办公楼出租的租金生存，真正靠知识产权运营业务自身获得生存发展的机构很少。由此可见，我国知识产权运营仍处于起步阶段，可行的商业模式或盈利模式并不明晰，多靠政府的资金、物质、项目投入维持基本生存。但知识产权运营靠政府扶持难以持续，未来的发展方向必然逐步走向市场化、企业化，这中间需要一个过程和过渡期。

第四节 我国知识产权公共服务体系的构建

面对我国知识产权服务体系发展现状与存在的问题，需要我们从以下九个方面来谋划对策：①进一步加强知识产权法律体系建设，为知识产权服务体系发展奠定良好的制度基础；②打造知识产权创造、运用、保护、管理全链条服务；③建立多层次的知识产权人才培养培训体系，为发展与完善知识产权服务体系提供人才保障；④探索推进监管体制改革，加强对知识产权服务机构和服务内容的监管；⑤推动知识产权服务行业协会发展，充分发挥行业协会的作用；⑥加强知识产权服务行业的财政税收政策支持，培育壮大知识产权服务业；⑦完善知识产权服务体系的公共平台建设，为我国知识产权的创造、运用、保护和管理创造良好的条件；⑧提高全社会知识产权保护的意识，营造有利于知识产权服务体系发展的舆论氛围；⑨注重制定全球化和开放条件下的国家知识产权战略，强化知识产权服务体系应对国际竞争的能力。

一 改革知识产权管理体制机制

在《知识产权综合管理改革试点总体方案》的基础上，推动知识

产权综合管理改革，推动高效、合理的知识产权体制机制的构建。

具体来说，就是要深化知识产权行政管理体制改革，形成权责一致、分工合理、决策科学、执行顺畅、监督有力的知识产权行政管理体制。目前，应当在试点城市针对知识产权服务业具体行业，设立明确的管理机构，完善监管工作机制；加强知识产权服务业的行业规范建设，明确准入条件，对服务机构的执业资格、经营范围、退出机制等进行规范，保障公平、有序竞争；完善对从业中介机构的年检制度，加强执业纪律、执业培训、服务质量、投诉情况等方面的检查，并建立相应的奖惩措施；设立独立的认证机构与体系，规范和完善交易市场，建立知识产权服务中介机构的信息管理、信用评价和失信惩戒等诚信管理体系，加强对中介从业机构及从业人员的监管力度。从长期来看，统一的知识产权管理体制符合推进国家知识产权战略的整体要求，成立覆盖全部知识产权类型的统一的知识产权管理部门将是未来的发展趋势。

二 推动知识产权立法，加大知识产权保护力度

十三届全国人大三次会议于2020年5月28日表决通过的《中华人民共和国民法典》（民法典）将于2021年1月1日起施行。《民法典》对知识产权做了概况性规定，以统领各个单行的知识产权法律。此外，为加强对知识产权的保护，提高侵权违法成本，《民法典》中规定了知识产权侵权的惩罚性赔偿，其第1185条规定，故意侵害他人知识产权，情节严重的，被侵权人有权请求相应的惩罚性赔偿。但这些内容都是宏观性、纲领性的，因此应以此次《民法典》颁布为契机，将《民法典》确立的原则和制度贯彻到知识产权立法中。当前，我国知识产权相关立法修法正处于活跃阶段，在此过程中，应将国内现存的知识产权相关法律、法规和条例进行统一梳理、整合，确立立法层次和法律效力，消除不同法规存在的交叉、抵触的地方，大力推进知识产权立法的发展。同时，应结合国内知识产权诉讼的现状，及时推进现有知识产权法律法规的修订，适时做好人工智能、数字版权、网络、商标等领域的立法工作；要细化法律法规，对违法行为予以明确的界定，完善知识产权保护、应用、管理等方面的法规，加强知识产权立法同《民法典》的衔接和配套，提高法律的可操作性。这些对于建设知识产权强国、促进创新创业发展都大有裨益。

三　建设与完善知识产权生态系统

其包括服务产品、信用标准体系、知识产权服务对接、区域性的对接、知识产权的融资入股等，积极推进知识产权创造、运用、保护、管理全链条服务体系建设。知识产权的转化运用和运营是实现知识产权价值的必然选择，而这需要完善的生态系统对其进行支持。应当探索和完善知识产权运营资金的管理模式，尽快出台相关的管理规定，简化基金运营流程，让亟待获得融资的中小企业快速地得到所需资金。尽快建立起完善的、可持续发展的知识产权生态系统。应当积极发展知识产权价值评估服务和投融资服务，尤其是知识产权的评估方面，现在的评估没有确定的标准、过于随意，社会信任度较低。政府应当支持金融投资机构对知识产权实施产业化的投资，推进知识产权创业，促进知识产权的交易、许可和转化，培育和发展知识产权证券化、知识产权托管、知识产权保险和知识产权经营等新兴服务模式。

四　完善知识产权公共服务体系

打造多主体合作、复合要素支撑、深入知识产权产业链全过程的知识产权公共服务体系。

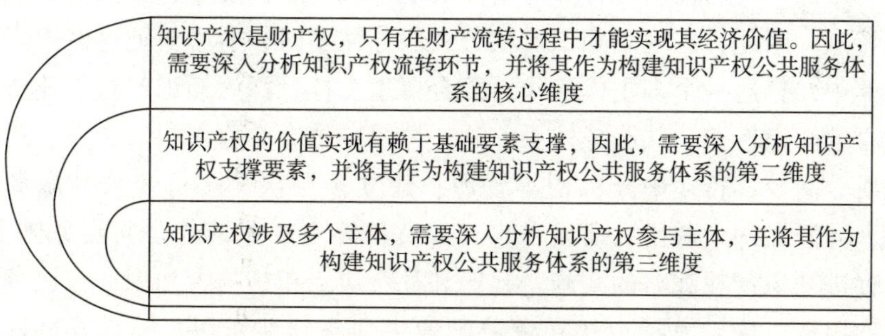

图5－3　知识产权全产业链框架

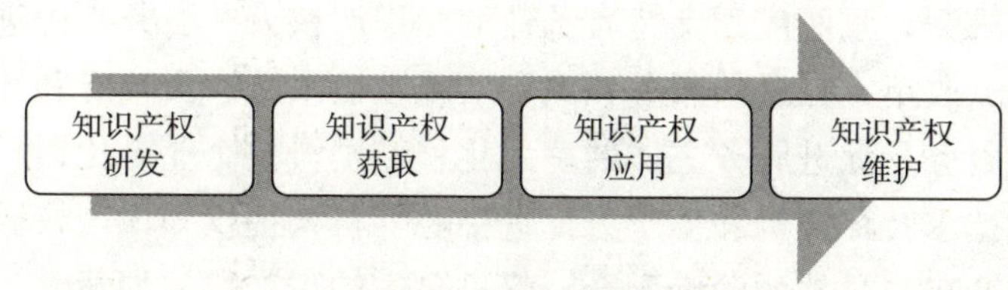

图5－4　知识产权产业链

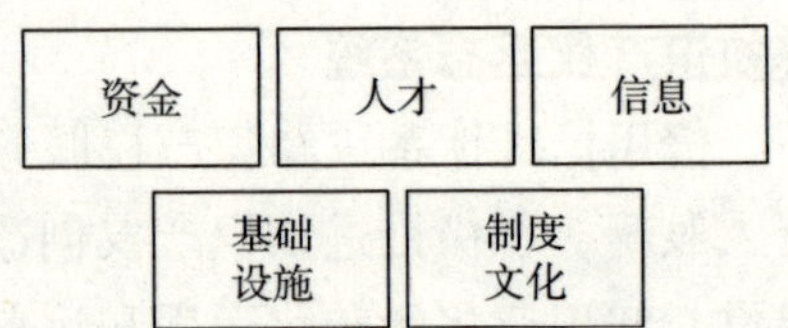

图 5-5　知识产权活动要素

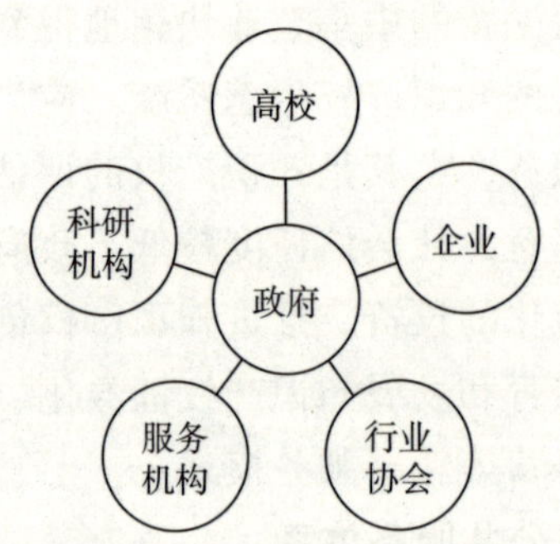

图 5-6　知识产权参与主体

知识产权的权利具有参与主体众多、权利运行复杂、涉及要素多样等特点，因此，在规划知识产权公共服务体系时，有必要把这些因素纳入其中，打造一个多主体合作、复合要素支撑、深入知识产权产业链全过程的知识产权公共服务体系。这一体系应整合政府部门、企业、科研院所、高校、行业中介机构等资源，建立多层次、多行业公共服务体系，并开发深入科研、研发、生产、贸易等全产业链的公共服务体系，以促进知识产权战略的实施。政府和社会应当积极培育知识产权服务市场和服务机构，发挥市场在资源配置中的基础性作用，推进发展社会化、专业化和规模化的知识产权服务机构，不断提升知识产权服务机构的品牌和国际影响力；建立政、产、学、研、用协同发展的知识产权服务和运用机制；政府应当支持有条件的知识产权公共服务机构进行企业化转制试点改革，在公共服务领域，实施政府采购，由政府和社会合作供给公共服务，促进服务主体的多元化；鼓励科技企业孵化器、大学科技园区、技术转移机构和生产力促进中心等机构提供知识产权服务，以实现知识产权与科技的深度融合，促进自主知识产权的创新。

五　提高知识产权国际化服务水平

在国际化背景下，知识产权获取和维护的风险确实存在，因此，在公共服务层面，应提供相应的信息与机制，为企业在国际合作和竞争中保驾护航。首先，针对信息不对称的风险，应广泛收集并提供国外知识产权获取和维权的相关信息，扶持一批具有跨文化、跨区域服务网络和经验的知识产权专业机构，帮助企业全面了解他国知识产权事项和风险。第二，针对争议增多的情况，应同他国一同探索国际化争议解决机制和执行机制。

六　进一步发挥公共服务平台作用

充分发挥政府投资的已有公共服务平台的职能，为大中小企业、社会各界提供培训、信息、搭建交易平台、整合行业运营资源等方面的公益性的服务。发挥政府财政资金的政策导向功能。支持在某些领域拥有成熟知识产权的企业在其产业领域建立产业联盟或专利池；在初期，对知识产权密集型产业从平台运营或基金支持等方面予以侧重。

同时，应注重细分产业，按产业种类建立平台。因为同产业、同领域的知识产权权利人、研发者、知识产权转化主体、需求方及上下游市场主体更容易沟通和联络，知识产权各要素更容易被激活，有利于加速知识产权交换价值的实现。

七　引导社会资本参与知识产权运营

政府要制定相关政策引导社会资本投向知识产权运营，活跃社会资本，促进知识产权运营投资主体的多元化。目前，知识产权运营平台和基金大部分由政府出资发起设立，社会资本较少参与。政府应利用政策鼓励并支持大企业，特别是已有丰富技术积累的科技型企业投资组建知识产权专业运营机构或成立知识产权运营基金等，以进一步提升基金的资助与引导能力，从而在专利基金与受惠企业之间形成良性循环，使更多的社会资本参与到知识产权运营中，使知识产权运营本身也市场化，从而支持更多的科技型中小企业的发展。

第六章 专题研究（二）：ICT 公共服务对国家创新能力影响研究

信息时代，ICT 是推动社会经济发展，提升国家长期竞争力的坚实基础，也是提高企业生产经营效率，促进企业研发和创新的关键支撑，ICT 技术及产业已经成为全球经济与社会可持续发展的重要动力。在我国，随着“创新驱动”与“双创”战略深入推进，作为拥有高技术含量的 ICT 技术及战略性新兴产业之一的 ICT 产业，在推动数字经济、共享经济等新经济模式发展，促进云计算、大数据、人工智能等新技术演变，带动我国经济社会转型升级，提升国家创新能力等方面具有极为重要的影响与作用。同时，2013 年，“宽带中国”战略正式出台，首次以官方的角度明确了宽带网络作为公共服务产品的属性。但随着新一轮科技革命兴起，以 ICT 为代表的新技术、新业态加快发展，ICT 与各产业领域的融合创新更趋活跃，以前所未有的广度和深度，推动了发展模式的深刻变革，ICT 技术已经成为新常态下我国经济增长质量提升的动力源泉，ICT 产业及相关服务已成为推动我国社会发展和创新驱动的重要保障。与此同时，以宽带网络为核心衍生出的电信服务、互联网服务、信息服务等 ICT 服务的准公共属性也正在逐步显现。不论在产业层面、企业层面还是用户层面，ICT 已经不再是单纯的技术应用或竞争优势，而是所有产业、企业及用户都必须具备的基础性能力。在 ICT 技术不断创新、信息应用不断深化的时代，ICT 在加快创新驱动和“双创”战略落地，推动产业结构调整和深度融合，促进技术创新升级和加速突破等多个领域的基础性、公共性作用已经越发凸显。

从共性技术角度来看。随着技术持续变革发展，旧的 ICT 技术不断下沉直至淘汰，而新的 ICT 技术不断迭代产生。但在技术演变过程中，旧的 ICT 技术对新一代 ICT 技术的创新和产生具有关键性、基础性的作用。而且，旧 ICT 并不会因为新一代 ICT 的出现而立即淘汰，而是随着技术的外溢性，逐步扩散到其他行业、产业及整个社会中，也促进其他行业、产业及整个社会的创新发展。因此，部分 ICT 技术具有准公共产品的属性，而且部分 ICT 技术也是以政府为主体提供的，即 ICT 技术及服务属于共性技术的范畴，是共性技术的关键组成部分。

从科技基础设施的角度来看。虽然目前尚未有关于科技基础设施的统一定义，但其组成部分却大体相似，主要包括大型科技设施、科技基础数据库、相关科技资源库、科技基础条件平台、信息通信基础设施等。这其中，信息通信基础设施是科技基础设施的重要组成部分，而其又是 ICT 技术及 ICT 产业发展的基础。因此，围绕信息通信基础设施衍生出的 ICT 服务以及 ICT 基础、产业，也与科技基础设施的发展存在紧密关联，两者之间存在互动关系。

从技术扩散的角度来看。技术扩散是指一项创新技术随着时间通过各种渠道被社会成员所接受的过程，包括技术创新、扩散时间、扩散渠道、扩散主体等关键因素。而随着新一轮科技革命和产业变革的兴起，ICT 技术持续创新演变，并加速向互联网化、移动化、智慧化方向演进，ICT 技术、ICT 产业、ICT 服务带动“信息化 +”和“互联网 +”的产生，并不断向其他行业、社会持续扩散，进而形成以信息经济、智能制造、互联网社会等为主要特征的高度信息化社会，因此，ICT 技术及服务具有较为明显的技术扩散特征。

从知识产权公共服务的角度来看。随着全球新一轮科技革命和产业变革的兴起，知识产权成为未来产业竞争的制高点。ICT 技术及产业既是知识产权公共服务体系的重要服务主体，也是构建知识产权公共服务体系的重要支撑。一方面，ICT 产业是知识密集型产业，知识产权公共服务体系在促进 ICT 产业的技术研发和产业发展当中发挥了关键作用；另一方面，ICT 技术带动了知识产权公共服务体系的信息化水平和效率水平，更好地促进了知识产权公共服务体系发挥作用。因此，ICT 技术及服务也是知识产权公共服务的重要组成部分。

因此，ICT 技术、产业及衍生出的 ICT 服务开始承担一定的公共职能，具备公共属性特征，对构建科技创新公共服务体系具有重要的影响作用，更对提升国家创新发展具有积极的现实意义。为此，应准备把握新的发展趋势，提高 ICT 具备公共服务特征的意识，系统梳理 ICT 及 ICT 公共服务对国家创新能力的作用机制，明晰 ICT 公共服务的概念与内涵，适时构建ICT公共服务评价体系，并准确评估我国ICT公共服务能力，明确未来提升路径。这对完善科技创新公共服务系统建设，提升我国战略性信息基础设施建设、科技创新发展、产业深度融合等多方面具有积极意义。

第一节　ICT公共服务与国家创新能力研究现状

一　理论研究：技术创新与国家创新系统

（一）技术创新理论

自经济学家熊彼特首次提出“创新”的概念和思想以来，已有无数学者从不同的角度对创新与技术进步的概念、内涵，对经济发展的影响、对产业升级的影响等展开了深入的研究和分析，对传统经济理论中忽视技术进步和创新的研究思路与观念进行了批评。最终，在熊彼特的观点基础上形成了以创新为核心的经济发展理论及创新经济学理论体系，从而从理论层面论证了科技发展与技术进步及创新的要素是经济增长的重要推动力量。

20世纪中叶，以计算机技术为标志的新一轮科技革命正式兴起并逐步蔓延到全球各地，许多国家的经济也由此出现了十年以上高速增长阶段。这个时期的经济发展特征已经无法通过传统的经济理论来解释，此时并不仅仅是资本和劳动力等要素能够阐释的现象。因此，西方经济学界重新对熊彼特的创新经济学理论进行认识，开始将技术要素纳入经济发展的考量范畴，从而使技术创新理论成为学界的关注点，也使熊彼特的理论逐步成为经济学界探讨的理论核心，也促使了创新经济学的快速发展。截至目前，国外技术创新理论的研究和发展已形成了新古典学派、新熊彼特学派、制度创新学派和国家创新系统学派四大理论流派。其中，技术创新的新古典学派出现了一大批优秀的经济学家，比如索洛，他认为技术创新是经济增长的内生变量，也是经济增长的重要因素，科学技术与其他要素一样，具有一定的公共属性、创新收益属性和非独占性、外部性等特征。因此，在促进技术发展并使用先进技术的同时，政府可以适当地干预，以更有利于技术创新的开展。随之，索洛在前人技术创新理论的基础上，发展出了技术进步索洛模型，专门用于测度技术进步对经济增长的贡献率。随后，索洛对美国1909—1949年非农业部门的劳动生产率发展情况进行实证分析，检验了此模型的适用性，研究表明在1909—1949年期间，技术进步是社会劳动生产率提高的重要因素。同时，新古典经济学派在索洛研究的基础上，形成了新的研究方向，他们对技术创新中政府干预作用进行了深入研究，认为当市场对技术创新的供给、需求等方面出现失效时，或技术创新的资源配置不能满足经济社会发展要求时，政府可以采取相应的措施，比如法律手段、财政税收等调控措施，来对技术创新活动进行干预，最终促使技术进步不断地促进经济增长。

而技术创新的新熊彼特学派传承了熊彼特的创新系统理论，其中以曼斯菲尔德、卡曼等为杰出代表，他们认为技术创新和技术进步是经济发展的核心要素，这其中，推动技术进步的关键主体便是企业家群体。所以，该学派后期更加侧重研究企业的组织行为、市场结构等因素对技术创新的影响，提出了技术创新扩散、企业家创新和创新周期等模型。同时，新熊彼特学派的其他经济学家也对技术创新与市场结构的关系、技术创新与企业绩效的关系等做了深入分析，他们发现当市场结构处于完全竞争与完全垄断时，由于市场中同时存在某种程度的垄断和竞争因素，所以在此市场结构中，技术创新更有可能发生而且能取得更好的效果，也就更有可能出现重大的技术创新。

对于技术创新的制度创新学派，他们通过对新古典经济学理论中的一般静态均衡和比较静态均衡方法，对技术创新的外部环境进行制度分析。该学派主要以戴维斯和诺斯等为代表，他们认为由于市场中个体收益和社会福利的巨大差距，使个体如果想持续改善自己的收益水平，只有通过一系列的创新活动才能实现，包括创新的产权制度、技术进步等。而在所有的创新分类中，制度创新决定技术创新，技术创新的快与慢、好与坏与制度选择存在很大关联，有效的制度设计将会促进技术创新，从而提升创新的效率。同时，制度创新学派也非常认可制度创新对技术创新的决定性作用，也并不否定技术创新对改变制度安排的收益和成本的普遍影响。他们也提出通过技术创新，可以增加制度安排改变的潜在利润，并在某种程度上使因为制度安排而产生的成本不断降低，最终促使复杂的经济组织和公司主体获得收益。

对于技术创新的国家创新系统学派，重点在对日本、美国等国家的创新行为分析后，分析技术创新不仅仅是企业家的功劳，也不是单一企业独立的行为，而是由一个国家或地区的整体创新系统所推动的，该学派以弗里曼、纳尔逊等为代表。他们认为国家创新系统是参与和影响创新资源的配置及其利用效率的行为主体、关系网络和运行机制的综合体系，在国家创新系统中，任何创新主体，包括企业、经济组织、个体等，通过国家制度的安排及其相互作用，可以有效地促进知识创新、引进、扩散和应用，从而使每个主体获得更好的技术创新收益，进而实现国家技术创新水平的快速提升。所以，国家创新系统理论重点聚焦于技术创新与国家经济发展水平之间的关系，关注国家层面的因素对于技术创新的影响作用。他们认为国家创新体系是由国家内部不同的主体为了寻求共同的目标而建立起来的，这个目标一般是社会经济发展目标，为了实现该目标，最终将创新作为关键的推动力量。所以，弗里曼提出了技术创新的国家创新系统理论，将创新主体的激励机制与外部环境条件有机地结合起来，并相继发展了区域创新、产业集群创新等概念和分支理论。

（二）国家创新系统理论

如前所述，国家创新系统理论是熊彼特技术创新理论的延伸和拓展，他最早由经济学家克里斯托弗·弗里曼提出，其在对日本战后经济崛起进行研究时发现，日本在战后综合国力、经济水平、技术水平相对落后的情况下，却能够实现快速崛起，成为亚洲地区头号工业大国，最重要的就是构架了以技术创新为主，制度创新、组织创新为辅的国家创新体系。这也表明国家在推动一国的技术创新中具有无可替代的巨大作用，尤其在国家为了实现经济的快速增长及人民生活水平的快速提升，不能仅仅依靠市场的力量，也需要有政府的干预，通过制定长远的经济发展目标及可行的、动态的战略方案，以提供的政策、公共产品为重要手段，在有效的资源分配过程中，激励和推动不同产业和不同企业的技术创新，从而达到实现经济增长的目标。此后，纳尔逊在《国家创新系统》中对比分析了美国和日本等国家和地区的资助技术创新的国家制度体系，其通过研究发现美国、日本等国家的创新体系，在制度层面都非常复杂，不仅仅包括技术本身的要素，还包括技术行为、技术实施主体，如经济组织、企业、大学、研究机构、基金组织等。其中，以利润最大化为目的的私人企业是国家创新体系中的核心主体，这些企业在市场竞争过程中通过不断的竞争与合作，从而激发了企业创新。继而，纳尔逊发现了科技发展的不确定，并在此基础上提出了多种可能的战略选择。虽然，纳尔逊和弗里曼在20世纪80年代就提出了国家创新系统的概念，并对其进行了初步的分析，但是二者均未对国家创新体系提出具体明确的界定，更没有想到国家创新体系的提出对以后的经济发展及技术创新会产生至关重要的影响，特别是20世纪90年代以后所兴起的技术创新研究，均将国家创新体系作为重要关注点。

如佩特尔和帕维蒂在1994年的研究中提出国家创新系统的重要性时发现了与传统技术进步理论所不同的观点，比如开放的贸易系统使技术的国际性迅速扩散成为可能，从而使后发国家具有了强大的后发优势，有可能实现弯道超车。但由于不同经济发展水平、技术创新能力的国家在技术创新上的投入存在很大差异，造成了不同国家之间的基础差距越来越大，如发达国家与发展中国家之间的技术差异。而国家创新系统理论可以为一个国家或地区确定技术投入规模与力度、分析投资效果、对比不同国家之间的投资模式和产出能力等提供帮助。为此，佩特尔和帕维蒂对国家创新系统进行了界定，他们认为国家创新系统就是决定一个国家内技术学习的方向和速度的国家制度、激励结构和竞争力。国家创新系统中的制度就是企业，尤其是对创新进行投资的企业；提供基础研究和相关培训的大学和相关机构；提供一般教育和职业培训的公共和私有部门；促进技术进步的政府、金融等部门。

此后，伦德瓦尔在前人研究的基础上也对国家创新系统进行了界定，他认为国家创新系统是一个由在新的、有经济价值的知识的生产、扩散和使用上互相作用的要素和关系所构成的创新系统。这个系统包括在国家含义上的所有要素和重要关系，比如企业、相关组织机构、制度体系、高校部门等。而从更广的范围来看，国家创新系统囊括了影响学习和研究的经济结构和制度，如生产系统、采购系统、运营系统等。为此，他认为可以从生产、扩散和使用有经济价值知识的效率的角度去衡量一个国家创新的效率。

总之，国家创新体系理论具有很高的理论价值和很强的实践意义。首先，它表明创新是一个系统的概念，不仅仅是某一个部门或某一个模块的创新，其囊括了企业、政府部门、科研机构等在内的所有经济主体，从而实现真正的科技经济一体化。其次，该理论强调了制度创新和组织创新对技术创新的促进作用及其重要性。最后，该理论构建了一个有效的分析框架，可以帮助我们分析一个国家或地区整体的创新效率，包括制度、组织和政策间的协调关系，从而为政府制定政策提供有效的参考。

二　文献研究：ICT 公共服务与国家创新能力

（一）ICT、ICT 服务与国家创新能力研究

目前，国内外众多学者对 ICT 技术、ICT 服务、供给和需求，与社会因素、经济增长、创新发展等方面的关系做了大量研究，但直接针对 ICT 与国家创新能力的研究相对较少，本书按照研究领域将其划分为两类：横向区域层面和纵向行业层面。

第一，在横向领域，研究 ICT 与区域创新能力的关系。龙天炜、汪艳杰、李亮运用结构方程模型分析了区域产品创新能力的影响路径，发现社会信息化、基础设施建设等科技与产业基础水平的提高，对区域产品创新能力提升具有积极作用。康鹏、于海溶通过分析 2001—2010 年全球 22 个国家或地区的数据后发现，通过大力发展 ICT 服务产业，集中攻关大型项目和前沿技术，可以有效地提升区域创新能力。但吴晓云、李辉在研究 2006—2011 年我国不同省市研发能力对区域创新产出的影响时，引入 ICT 发展水平作为调节变量，发现其调节作用并不显著。储伊力、储节旺又通过进一步研究，发现仅在我国中部地区 ICT 产业技术对区域创新能力的促进作用不显著，而在东部和西部省份，通过提升 ICT 产业技术能力，可以明显改善当地研发优势，进而显著提升该地区技术创新能力。

第二，在纵向领域，研究 ICT 对其他行业创新能力的影响。Frishammar、Sven 通过实证研究表明，持续提升信息化水平可以显著改善工艺创新效率。Forman 通过对美国工业园区的研发活动进行研究，发现 ICT 技术对园区间协同能力提升具有积极的促进作用，并有利于园区之间的创新活动和创新行为。许港、赵守国、韩先锋通过对 2005—2011 年我国工业领域发展数据进行分析，发现持续提升我国信息化水平，可以明显改善我国工业技术创新能力。韩先锋、惠宁、宋文飞又进一步发现信息化发展水平对中国工业技术创新效率的显著影响呈现先升后降的“倒 U”形关系，而且具有明显的行业异质性。

此外，现有直接研究ICT公共服务的文献相对较少，重点在产业发展、产业融合、监管机制及运营效率等方面。李海超、陈雪静、衷文蓉通过分析发现影响ICT产业发展的因素包括技术创新、企业规模、经济、政策等生产环节、企业发展和外部环境因素。杨帅提出当前产业融合创新发展的趋势之一就是ICT技术与制造技术的快速融合，推动制造业向数字化、网络化、智能化方向转变。Mohamad运用SFA方法对1980—2004年70个国家的电信行业发展情况进行分析，发现即使电信行业逐步走向市场化，因其部分产品及服务具有公共属性，政府职能、制度监管对电信业运营效率的提升依然具有决定性的影响作用。Yang、Lee、Hwang等在运用Meta - frontier方法分析亚欧美三大区域的ICT领域运营效率时提出，ICT服务最初是作为公共服务而设置的，它对于国民经济其他行业的发展具有明显的"涟漪效应"，如降低运营成本、促进社会就业等。

（二）ICT公共服务研究

虽然很多学者基于不同的视角对ICT领域发展的内部和外部方面进行了完善的分析，但在ICT公共服务方面却并没有受到政府机构、社会等方面的重视。当前，学者在评价政府公共服务绩效时，仍然延续以医疗、教育、社会保障等指标为主的评价体系，缺乏对ICT领域这一时代性指标的考量。不过，目前已有学者在评价全国或跨区域公共服务绩效时，开始尝试将ICT类指标纳入公共服务评价体系中。马慧强、韩增林和江海旭用熵值法测算全国286个地市公共服务水平时，将信息化服务纳入其评估体系中并作为一级指标，包括人均移动电话使用率、人均固定电话数等二级指标，并发现信息化服务和水电煤气等基础设施服务具有较强的关联性。Zhang和Tang在评价我国省际基本公共服务均等化程度时，也将ICT类指标（每百人局域交换机容量、每百人移动电话数、每百人固定电话数等）纳入其评价体系中，并作为公共设施类目下的二级指标。范柏乃、傅衍、卞晓龙通过Theil Index对2005—2012年浙江省基本公共服务均等化水平进行评估，也将ICT类指标（电信业务总量）纳入其基础设施一级指标下。

总体来看，现有研究已经表明ICT技术及服务对创新能力具有正向作用，而且学者已经发现ICT服务在政府公共服务绩效评价中的重要作用，但现有研究仍存在以下不足：

第一，缺乏针对ICT与国家层面创新能力的研究，现有研究多集中在区域层面、行业层面。第二，在理论层面关于ICT对国家创新能力的作用机制缺乏系统、清晰的梳理，关于ICT各要素对国家创新能力贡献程度的一致性以及要素的独立性也缺乏探讨。第三，因“宽带中国”明确了部分ICT基础设施的公共属性，而现有研究缺乏从公共服务角度探讨ICT对国家创新能力的影响机理。第四，针对ICT公共服务的概念、内涵范畴等尚未达成共识。第五，涉及ICT公共服务的内容局限于传统电信领域，并没有结合电信、互联网等ICT创新和融合发展的新形势，也没有考虑ICT对我国信息化提升的基础性作用。第六，针对不同区域公共服务的差异或不同垂直领域（如教育、体育、卫生等）的公共服务水平评价的研究较多，但针对ICT公共服务这一细分领域开展研究的却比较少，ICT公共服务仍缺乏一个系统、全面的评价体系。

因此，本书通过系统梳理ICT驱动国家发展的作用机制与影响路径，明晰ICT公共服务的概念与内涵，并构建ICT公共服务评价体系，并尝试对我国ICT公共服务能力做出实证分析和纵向评价，并提出通过提升我国ICT公共服务能力，促进国家创新能力提升，推动创新驱动国家发展的提升路径。

第二节　ICT对国家创新能力的作用机制研究

一　ICT与国家创新能力的概念与内涵

（一）ICT的概念内涵

随着科学技术的快速变革，传统通信技术（CT）逐步由网络层向上层应用层拓展，而新一代信息技术（IT）则由顶层向下层传输层延伸，信息技术与通信技术的边界渐渐消失，彼此融合渗透，构成了新的技术领域——ICT技术，由此也带动了基于信息技术的产业与基于通信技术的产业不断融合渗透，直至形成新的产业领域——ICT产业。我国在2012年、2016年分别颁布的“十二五”“十三五”国家战略性新兴产业发展规划中都将ICT产业列为重点规划产业之一，大力研发和应用ICT技术，推动ICT产业跨越发展已经成为我国未来的战略发展目标。

ICT技术是快速迭代更新的领域，不断有新的技术被研究、开发，也不断有成熟的技术被广泛应用和完善，更有旧的技术被替代或抛弃。新的 ICT 技术的不断迭代和研发固然是创新发展的关键动力，是整个技术创新领域重要甚至核心的组成部分，其对促进经济增长等方面具有积极的促进作用，这在学界已经达成共识。同时，ICT 技术也有利于国家创新主体内部的知识流动，并对设备制造业等领域具有较为明显的技术溢出作用，进而带动国民经济产业创新及发展。此外，ICT 技术改善了教育环境，促进了教育水平和质量的提升，ICT 产业本身属于高科技产业，具有智力人才密集的特征，在产业内部也积累了大量掌握先进知识和技术、具有创新精神的科技型人才，是国家创新人才的重点聚集领域，对支撑产业自身发展、技术升级或推动其他产业创新等具有巨大的潜力。另外，ICT 技术具备一定的“通用性”特征，经过不断改进和完善，往往可以得到更为广泛的推广和应用，本质上具备一定的准公共属性，随着“宽带中国”战略的深入推进，宽带网络等 ICT 基础设施的作用会不断显现，除了促进自身产业的迭代创新，也对其他行业或领域经济活动、创新活动形成强有力的支撑。

（二）国家创新能力的概念和内涵

国家创新能力的概念由美国学者 Villa 在 20 世纪 90 年代首次提出，Villa 表示国家教育水平、法律法规等因素是国家创新能力的重要组成部分。在我国，党的十八大报告提出了创新驱动发展战略并随后颁布了《国家创新驱动发展战略纲要》，指出创新驱动是国家命运所系，其中科技创新能力是国家力量的核心支撑，要实现创新能力从“跟踪、并行、领跑”“并存、跟踪”为主向“并行”“领跑”为主转变，这对推进我国国家创新能力建设赋予了新的使命和责任。国家创新能力是国家长期发展中研发创新性技术并产业化应用的能力，其依赖于支持创新的技术、资源、政策等方面，它包括了生产要素及制度要素等多个方面。它既是价值创造和增值的结果，也是各创新主体、创新要素协同整合的结果，更是一个国家在特定时期的路径选择，它反映了创新过程中更为基础的决定因素。

从不同角度看，国家创新能力具有不同的内涵和特征。首先，从创新要素角度看，投入规模、资源配置、使用效率等都会影响国家创新能力的提升，并可进一步细化为人才、资金、技术等多个要素累积为创新能力。其次，从创新体系角度看，国家创新体系理论指出国家创新能力受到个体、企业、政府、高等院校、社会机构等多种创新主体，劳动市场、规则结构等多种创新制度，及相应的创新活动、创新环境等方面的共同影响。在信息时代，国家创新能力已经成为国家发展最为核心的动能源泉，提高国家创新能力就是提升生产力，提高国家创新能力就是提升国家竞争实力。

二 ICT对国家创新能力的作用机制

根据上文分析可知，ICT主要通过技术驱动、人力资本积累、公共基础设施建设三种途径促进技术创新、自身产业创新及支撑外部创新，因此，对ICT与国家创新能力的关系及作用机制也应从这三个方面展开分析。

（一）ICT技术驱动与国家创新能力的关系及作用

技术驱动是以创新的技术满足外部需求的一种表现形式，既是企业增强竞争力的决定性因素，也是产业实现升级的关键环节，更是创新驱动经济转型发展的根本。从企业层面来看，技术驱动可以倒逼企业加大研发投入，开展创新活动，以应对技术竞争压力，通过不断研发新技术、新工艺、新产品，持续拓展市场空间，提升企业竞争力。从产业层面来看，技术创新发展产生了新的技术突破，在不断迭代过程中逐渐收敛于较高技术水平，并通过技术的转移和扩散，驱动高、中、低技术产业自主创新能力和协同创新能力提升。因此，技术驱动必与国家创新能力之间存在正相关关系。

ICT通过技术驱动国家创新能力提升主要表现为三个方面：第一，ICT作为各国重视的高技术产业和战略性新兴产业，其自身就具备较高的技术含量和创新水平，在ICT产业发展和技术演进的过程中，也将不断创造新的技术和新的知识，开展自我研发与创新活动，通过ICT技术属性和产业技术本质，直接作用于国家创新能力的提升。第二，在ICT技术持续变革过程中，将会持续有新的技术被研发、改进直至趋于成熟，并在产业内部进行小规模试验或应用，也会针对已成熟技术的进一步完善和升级，在不断迭代的过程中隐含着巨大的技术和知识优势。第三，国家创新体系理论强调技术、信息在各创新主体之间的交互和流动，ICT技术作为具备通用性特征的技术，必然会被广泛应用于国民经济其他部门，通过技术的转移和扩散，其他行业在ICT方面的应用和投入可以改善其内部流程及外部关系，促进生产、技术、产品等方面的创新，进而提升国家创新能力。具体作用机制如图 6 -1 所示。

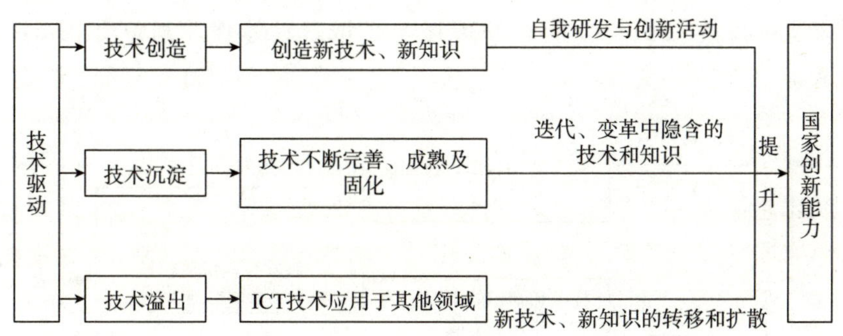

图 6 -1　ICT 技术驱动与国家创新能力的作用机制

（二）ICT 人力资本积累与国家创新能力的关系及作用机制

国家经济转型升级和科技发展必须建立在相应的人力资本水平和技术吸收能力基础上，只有具备了一定的人力资本积累，才能切实有效地学习、吸收、研发、创新先进技术，实现以技术促进国家创新和经济增长。这其中，掌握科技专业知识、具备创新精神的高精尖人才是人力资本积累的重点环节，而 ICT 技术人才及相关产业人员具备专业应用面广、知识更新快的高素质，是国家创新发展所必需的科技型人才及创新型人才的关键来源。因此，ICT 人力资本积累与国家创新能力之间存在正相关关系。

ICT 人力资本积累与国家创新能力的作用机制主要表现为三个方面：第一，ICT 产业属于高新技术产业的重要组成部分，也具备正向的外部经济效应，其与高等院校、科研院所、创新服务机构的持续交互过程中形成了创新网络，加速了科技型人才、创新型人才的集聚，并储备了丰富的科技知识和创新技能。第二，在信息化发展背景下，自我学习、不断强化是人力资本积累的重要体现，尤其是 ICT 领域，科技人员通过对前沿技术、引进技术的持续学习、消化和吸收，并有针对性地进行知识挖掘和再造，可以迅速增加研发经验，实现人力资本的快速积累，确保为国家创新发展提供知识保障及信息支撑。第三，ICT 使科技人员的流动渠道更加便捷，在科技人才流动的过程中也促使其蕴含的知识、技能快速、持续转移，有利于知识或技能在不同主体之间共享、流动，在不同领域之间扩散和交互，某种程度上在ICT人才与非ICT人才，抑或科技人才与非科技人才之间形成了一条知识持续流动的通道，持续地将科技知识与技能对外传播与扩散。具体作用机制如图6－2所示。

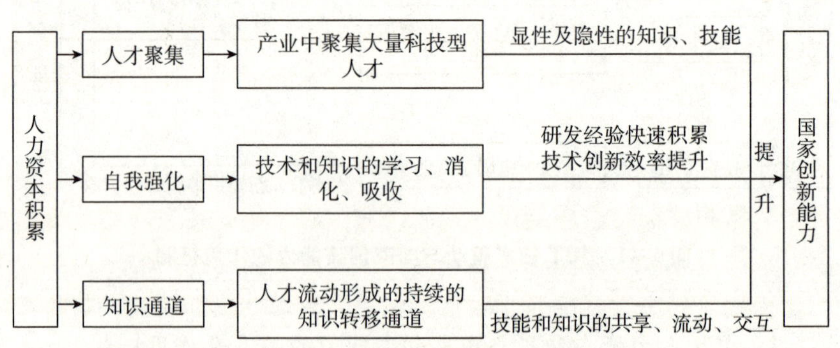

图6－2 ICT人力资本积累与国家创新能力的作用机制

（三）ICT公共基础设施与国家创新能力的关系及作用机制

由于ICT技术所具有的高渗透性，使ICT技术具备较为明显的通用属性，尤其是"宽带中国"战略以官方视角提出宽带网络作为公共服务的属性，也凸显了ICT基础设施的准公共属性，这也是ICT基础设施的关键特征。一方面，ICT公共基础设施的建设会提高企业生产经营效率，降低市场交易成本，促进企业开展研发和创新；另一方面，ICT基础设施在提升国家信息化水平中发挥着核心作用，它不仅是国家创新能力提升的基础，也是各项创新活动，尤其是技术创新开展的基石。因此，ICT公共基础设施与国家创新能力之间存在正相关关系。

ICT公共基础设施与国家创新能力的作用机制主要体现在两个方面：第一，直接提升国家信息化发展水平。信息化水平是一个国家创新能力的直观体现，无论是政府、企业、社会乃至国民经济各产业信息化水平提升、技术进步及效率提高，都必须基于ICT公共基础设施的良好发展，不断加大ICT公共基础设施建设，提升国家创新能力已经成为各国共识。第二，从间接作用来看，一方面，ICT公共基础设施的改善可以降低企业交易成本，促使企业拥有更多的资源、时间用于技术研发等创新活动；另一方面，ICT公共基础设施的建设抬高了相应的技术竞争优势门槛，激发了企业必须投入资源与精力用于研发和创新更高层次的技术，以确保在市场竞争中具备技术优势，可以说 ICT 公共基础设施建设加速了市场交易进程，间接倒逼企业研发与创新。具体作用机制如图 6－3 所示。

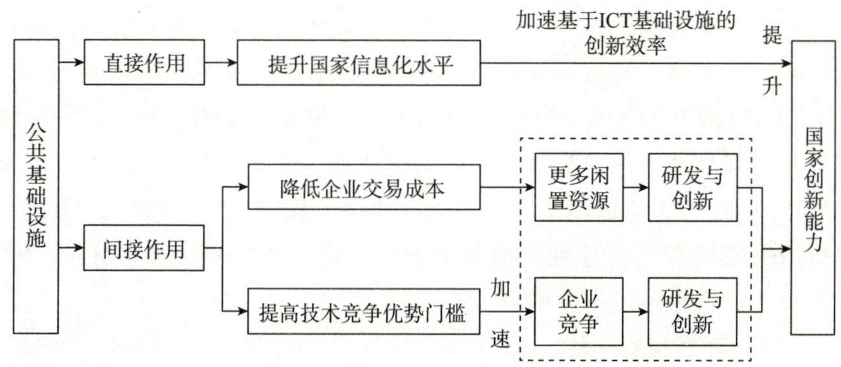

图 6－3　ICT 公共基础设施与国家创新能力的作用机制

三　ICT 与国家创新能力的相关关系

（一）核心测度指标界定

在对 ICT 与国家创新能力的相关关系进行实证分析之前，需先界定 ICT 与国家创新能力的测度指标。本书采用 KPI 原则设定测度指标，避免了烦琐复杂的指标设置和计算，重点聚焦核心指标。因此，本书做如下界定：

第一，ICT 的测度。根据前述内涵和作用机制分析，本书通过技术驱动、人力资本积累和公共基础设施三个方面对 ICT 进行测度。借鉴刘志迎、王正巧、李静、李海超、衷文蓉，刘湖、张家平、姚王信、朱玲、韩晓宇等的研究成果，本书用通信设备制造业、计算机及办公设备制造业 R&D 经费内部支出衡量 ICT 技术驱动；用通信设备制造业、计算机及办公设备制造业 R&D 人员折合全时当量衡量 ICT 人力资本积累；用互联网普及率衡量 ICT 公共基础设施。

第二，国家创新能力的测度。目前国内外针对国家创新能力的评价研究已经非常成熟，Villa 提出可以利用专利水平对国家创新能力进行度量，后续更是形成了 IMD 的《世界竞争力年鉴》、美国的《国家竞争和创新能力报告》、WEF 的《全球竞争力报告》及 INSEAD 和 CII 共同制定的《全球创新指数报告》等多个影响力大、范围广的测度体系。虽然不同测度体系的数据来源、计算方法、测度标准等存在差异，但总体都包括了投入和产出两个方面。本书认为创新产出是国家创新能力最为核心的表征，专利指标是目前达成共识且通用的衡量创新产出的指标，因此本书采用国内外三种专利申请授权数作为国家创新能力的测度指标。

为了分析 ICT 与国家创新能力的关系，根据前文测度指标设定，本书从《中国高新技术统计年鉴》《中国统计年鉴》《中国互联网发展情况统计报告》、工信部网站及相关资料获得了我国 1998—2014 年上述关键指标的原始数据，分别衡量 ICT 技术驱动、ICT 人力资本积累、ICT 公共基础设施和国家创新能力。

（二）简单相关分析

采用 Person、Kendall 和 Spearman 相关分析方法，分别对 ICT 三要素（技术驱动、人力资本积累和公共基础设施）与国家创新能力进行简单相关分析，具体结果如表 6 - 1 所示。

表 6 - 1　ICT 三要素与国家创新能力的简单相关分析系数矩阵

相关分析类型	分析变量	Correlation	Significance (2 - tailed)	N
Person 相关分析	技术驱动—国家创新能力	0.964 **	0.000	17
	人力资本积累—国家创新能力	0.954 **	0.000	17
	公共基础设施—国家创新能力	0.980 **	0.000	17
Kendall 相关分析	技术驱动—国家创新能力	0.971 **	0.000	17
	人力资本积累—国家创新能力	0.971 **	0.000	17
	公共基础设施—国家创新能力	0.985 **	0.000	17
Spearman 相关分析	技术驱动—国家创新能力	0.995 **	0.000	17
	人力资本积累—国家创新能力	0.993 **	0.000	17
	公共基础设施—国家创新能力	0.998 **	0.000	17

注：** 表示 Correlation is significant at the 0.01 level（2 - tailed）。

由表 6 - 1 可知，国家创新能力与 ICT 技术驱动、人力资本积累、公共基础设施都呈现高度正相关关系。因此，提升ICT技术创新驱动力，注重ICT人力资本积累，加大ICT公共基础设施建设力度，能够有效促进我国创新能力的改善与提升。

（三）二阶偏相关分析

本书分别研究控制ICT的另外两个要素时，第三要素与国家创新能力的关系，具体结果如表6-2所示。

表6-2　ICT三要素与国家创新能力的二阶偏相关分析系数矩阵

二阶偏相关分析变量	Control Variables	Correlation	Significance (2-tailed)	df
技术驱动—国家创新能力	人力资本积累和公共基础设施	0.171	0.542	13
人力资本积累—国家创新能力	技术驱动和公共基础设施	-0.491	0.063	13
公共基础设施—国家创新能力	技术驱动和人力资本积累	0.730	0.002	13

从表6-2可知，第一，在控制了ICT人力资本积累和ICT公共基础设施后，ICT技术驱动与国家创新能力的二阶偏相关系数为0.171，这表示剔除掉ICT人力资本积累和ICT公共基础设施的影响后，ICT技术驱动与国家创新能力仍具有正相关关系，但这种关系并不显著。第二，在控制了ICT技术驱动和ICT公共基础设施的情况下，ICT人力资本积累与国家创新能力的二阶偏相关系数为-0.491，这表示剔除了ICT技术驱动和ICT公共基础设施的影响后，ICT人力资本积累与国家创新能力呈现负相关，但这种关系也不显著。第三，在控制了ICT技术驱动和ICT人力资本积累后，ICT公共基础设施与国家创新能力的二阶偏相关系数仍然高达0.730，并在1%的水平下显著，这表示剔除ICT技术驱动和ICT人力资本积累，ICT公共基础设施与国家创新能力仍呈现高度的正相关关系。

从上述结果来看，第一，ICT技术驱动和ICT人力资本积累的独立性相对较弱，对其余两个要素的依赖性相对较高，必须与其余两个要素进行组合才能发挥作用；尤其是ICT人力资本积累的独立性最弱，在没有ICT技术驱动和ICT公共基础设施有效协同支撑的前提下，其将形成负向影响作用。第二，ICT公共基础设施对国家创新能力存在独立且正向的影响作用，它对ICT技术驱动和ICT人力资本积累表现出相对较低的依赖程度。这凸显了ICT三要素必须有效协同配合，才能发挥最大效用，促进国家创新能力的提升。尤其是ICT人力资本的积累，不能片面地强调自身人才聚集和专业知识、专业技能的强化，必须有效结合ICT技术的广泛性、渗透性及ICT基础设施的公共性、普及性等特征，发挥科技人才优势，提升人力资本贡献度。而ICT公共基础设施属于硬资产，具有一次性投入的特征，一旦建成并投入使用后，就会在某种程度上直接提升国家的整体信息化水平，推动技术创新、科技进步向更高阶段演进。因此，由二阶偏相关分析结果可以发现，ICT公共基础设施具备较强的独立性，在没有技术驱动和人力资本积累的协同下依然可以显著地促进国家创新能力，这也凸显了加强ICT公共基础设施建设对国家创新发展的重要性。

（四）一阶偏相关分析

分别将另外两个ICT要素作为控制变量，与国家创新能力进行一阶偏相关分析，结果如表6-3所示。

表6-3 ICT三要素与国家创新能力的一阶偏相关分析系数矩阵

一阶偏相关分析变量	Control Variables	Correlation	Significance (2-tailed)	df
技术驱动—国家创新能力	人力资本积累	0.533	0.034	14
	公共基础设施	0.125	0.644	14
人力资本积累—国家创新能力	技术驱动	0.302	0.256	14
	公共基础设施	-0.480	0.060	14
公共基础设施—国家创新能力	技术驱动	0.663	0.005	14
	人力资本积累	0.809	0.000	14

从表6-3可知，第一，在控制了ICT人力资本积累的影响后，ICT技术驱动与国家创新能力的一阶偏相关系数为0.533，且在5%的水平

下显著；在控制了 ICT 公共基础设施的影响后，ICT 技术驱动与国家创新能力的一阶偏相关系数为 0.125，但不显著；这表示只剔除 ICT 人力资本积累的影响下，ICT 技术驱动与国家创新能力仍呈现较高的正相关关系，但已大为减弱；只剔除 ICT 公共基础设施的影响后，ICT 技术驱动与国家创新能力也呈现正相关关系，但已经不再显著。这表明 ICT 技术驱动对国家创新能力的促进作用很大程度上依赖 ICT 人力资本积累和 ICT 公共基础设施建设的作用，但 ICT 公共基础设施对 ICT 技术驱动的影响要大于 ICT 人力资本积累对它的影响，这也意味着要通过 ICT 技术驱动提升国家创新能力，离不开 ICT 公共基础设施的伴随。第二，在控制了 ICT 技术驱动的影响后，ICT 人力资本积累与国家创新能力的一阶偏相关系数为 0.302，仍是正值但不显著；在控制了 ICT 公共基础设施的影响后，ICT 人力资本积累与国家创新能力的一阶偏相关系数为 -0.480，但也不显著；这表示，只剔除 ICT 技术驱动的情况下，ICT 人力资本积累与国家创新能力仍然正相关，只剔除 ICT 公共基础设施的情况下，ICT 人力资本积累与国家创新能力的相关系数为负，但两者均不显著，在一定程度上表明 ICT 人力资本积累对 ICT 技术驱动和 ICT 公共基础设施的依赖程度均较高，必须与两者匹配协同才能发挥对国家创新能力的提升作用。第三，在分别控制了 ICT 技术驱动和 ICT 人力资本积累的情况下，ICT 公共基础设施与国家创新能力的一阶偏相关系数分别为 0.663 和 0.809，且均在 5% 的水平下显著，这表示剔除掉 ICT 技术驱动和 ICT 人力资本积累的影响后，ICT 公共基础设施与国家创新能力仍呈现较高的正相关关系，即 ICT 公共基础设施建设对 ICT 技术驱动和 ICT 人力资本积累的依赖程度都较低，这也暗含着在 ICT 技术驱动和 ICT 人力资本积累效果不理想的情况下，加强 ICT 公共基础设施建设依然可以实现国家创新能力的提升。

四　ICT 公共服务对国家创新能力的影响

通过以上分析，在理论层面系统地梳理了 ICT 对国家创新能力的作用机制，主要体现在技术驱动、人力资本积累和公共基础设施三个方面，并形成了“3 - 3 - 2”结构的 8 条作用路径。同时，利用 1998—2014 年数据进行了实证分析，我们发现：

第一，ICT 对国家创新能力的作用机制可以通过 ICT 技术驱动、ICT 人力资本积累和 ICT 公共基础设施建设三个要素来进行阐释。其中，ICT技术驱动主要通过技术创造、技术沉淀和技术溢出3条路径，ICT人力资本积累通过人才集聚、自我强化、知识通道3条路径，ICT公共基础设施则通过直接地提升国家信息化水平以及间接倒逼企业研发和创新2条路径，以影响国家创新能力的提升。第二，ICT三个要素与国家创新能力都具有高度的正相关关系，加速ICT技术创新驱动、人力资本积累和公共基础设施建设能够有效提升国家创新能力。第三，ICT技术驱动对ICT公共基础设施的依赖程度要高于对ICT人力资本积累的依赖程度；ICT人力资本积累的独立性最弱，必须与另外两个要素匹配融合以发挥作用；ICT公共基础设施对国家创新能力的影响独立性最强，它对ICT技术驱动和ICT人力资本积累的依赖程度都较低。即直接加强ICT公共基础设施建设便可有效地提升国家创新能力，而ICT技术驱动对ICT公共基础设施的依赖程度大于对ICT人力资本积累的依赖程度，ICT人力资本积累必须与另外两个要素协同才能发挥促进国家创新能力提升的作用。基于此，我国应加快ICT技术研发和创新突破，鼓励ICT人才资源流动，更要不断加强ICT公共基础设施建设，以有效改善和提升国家创新能力，加快创新型国家建设，推动国家创新发展。

第三节　我国ICT公共服务评价体系研究

由上文分析可知，ICT公共基础设施对国家创新能力具有很直接和明显的影响作用。而随着“宽带中国”战略正式出台，首次从官方的角度明确了宽带网络等基础设施作为公共服务产品的属性，并基于宽带网络等基础设施衍生出的电信服务、互联网服务、信息服务等ICT服务的准公共属性也正在逐步显现。ICT已经成为所有产业、企业及用户都必须具备的基础性能力，即ICT公共服务已经成为加快创新驱动和“双创”战略落地，推动产业结构调整和深度融合，促进技术创新升级和加速突破等领域的基础性动力源泉。

一　ICT公共服务的概念与内涵

公共服务是在一定经济社会条件下，政府提供的具有公共属性产品的服务总称，是政府及公共部门运用公共权力，通过多种机制和方式，满足人民群众共通需求的过程，其范围包括教育、医疗、社会保障、就业服务、环境保护等。但本书认为ICT公共服务的含义与此不同，在技术变革的背景下，ICT技术及服务不仅带动了自身产业、企业的发展，更向制造业、服务业、农业等全产业渗透，支撑其他产业转型升级，更在教育、环保、电子政务等公共服务领域发挥基础性支撑作用，可以说是公共服务的公共服务。同时，网络、数据、信息是当前及未来历史时期内所有产业、企业、用户及相关主体都拥有且必须被满足的需求，而ICT正具备满足这种需求的特质。因此，本书认为，ICT公共服务是指由政府或社会机构提供的，可以满足产业、企业和用户ICT水平提升的差异化需求，有利于国家经济转型升级、科技创新发展和人民生活改善，且具有一定公共属性的产品和服务的总称。

（一）ICT公共服务与ICT服务的概念辨析

ICT公共服务与ICT服务在概念上存在一定的区别。ICT公共服务的核心目标是通过满足不同产业、企业、用户等全层面的ICT共通需求，推动国家及国民信息化、网络化、智能化水平提升，进而实现经济增长和发展；它主要提供宽带网络、通信基础设施等纯公共产品及互联网、信息服务等准公共产品，重点满足信息化时代社会发展的基本需求，强调最根本、最基础的普遍性服务职能；它既要保障基本的公平性，更要追求效率性，注重综合效益水平。

而ICT服务多指ICT企业服务，它以营利为主要目的，强调产业内部各企业之间或不同产业的企业之间的需求满足，二者差异化较为显著；它不仅提供私人产品或正常的商品，也会提供一些兼顾准公共性质的产品或服务，但更多的是属于市场正常发展中企业正常的生产经营活动。ICT公共服务和ICT服务在提供准公共性质产品方面具有一定重叠，但ICT服务更注重微观层面的企业行为，如IDC服务、软件研发、技术解决方案等；而ICT公共服务更注重社会利益，如支撑产业自身转型升级、产业之间融合发展、公共服务整体效率提升、国家创新发展等。

（二）ICT公共服务的内涵阐释

第一，服务属性的一致性。ICT公共服务具有公共服务的基本属性，其与教育、医疗、环保等其他领域公共服务的基本属性保持一致，即具备公平性、不可分割性、普惠性等基本特征。如在服务供给过程中，不论产业层面、企业层面还是用户层面都拥有平等的享受服务的权利和机会，ICT公共服务供给的范围并不会产生排他性和局部性。

第二，服务内容的双重性。随着技术的革新升级，ICT服务已从单一的固话通信服务向移动通信、互联网、融合通信等综合多层次、一体化服务演变。尤其在信息化时代、互联网时代，网络、信息、数据更是成为技术创新和科技发展的必备要素。因此，本书认为ICT公共服务包括电信服务和互联网服务两个层面，其中电信服务包括固定电信服务、移动电信服务、其他电信服务，互联网服务包括互联网接入服务和互联网信息服务。

第三，服务范围的外延性。通信基站、数据中心等基础设施固然是推动ICT公共服务的基本保障，但ICT领域具有一个明显的差异点，即以ICT为代表的高科技技术的核心作用是推进生产力的发展，促进生产力效率提升。所以ICT公共服务必须立足基础设施建设这个基本点，但更要超越基础设施建设这个基本范围，向外延伸，以支撑和促进不同产业、不同企业、不同用户等各方面生产力及效率水平的提升和持续发展。

二 ICT公共服务评价体系理论遴选

（一）传统IDI指标体系的局限性

2008年，国际电信联盟（ITU）创立IDI指数（ICT Development Index），并逐年发布，用来评估各国信息通信产业发展及其应用状况，从ICT接入、ICT使用以及ICT技能三个维度，选取11个分项指标加权计算得出。其中，ICT接入包括固定电话普及率、移动电话普及率、人均国际出口带宽、电脑家庭普及率、互联网家庭普及率共5个指标；ICT使用包括网民普及率、固定宽带人口普及率、移动宽带人口普及率共3个指标；ICT技能包括成人识字率、中等教育毛入学率、高等教育毛入学率共3个指标。具体如表6-4所示。

根据国际电联发布的《衡量信息社会报告2017》数据显示，2017年中国IDI指数在176个参评国家中排名第80位，同比上升3个名次，信息化发展水平有所提升。虽然该指标体系已经使用了九年的时间，但从具体应用情况来看，国际电联发布的IDI指数中指标设置的科学性和合理性仍存在一些不足，对具体测量结果产生影响。ITU统计分析部门也表示ITU将在2018年适时修改调整指标构成，取消引发较多争议的每百户固定电话普及数及每百户蜂窝移动电话普及数两项指标，采用其

表 6－4　　　　　　　　**IDI 指标体系及其权重**　　　　　　　　单位：%

一级指标	权重	二级指标	二级指标权重	对一级指标权重
ICT 接入	40	固定电话普及率	20	8
		移动电话普及率	20	8
		人均国际出口带宽	20	8
		电脑家庭普及率	20	8
		互联网家庭普及率	20	8
ICT 使用	40	网民普及率	33	13.2
		固定宽带普及率	33	13.2
		移动宽带普及率	33	13.2
ICT 技能	20	成人识字率	33	6.6
		中学毛入学率	33	6.6
		大学毛入学率	33	6.6

他指标替代，同时调整三类指标的权重。总体来看，随着信息通信技术的快速发展，现行 IDI 指标体系主要存在三方面不足：

第一，短板指标影响明显。如我国移动电话普及率排名较低，农村移动电话普及水平低是影响这一指标的主要因素；又如人均国际出口带宽排名过低，我国国际出入口带宽增长落后于行业发展需要，影响我国 IDI 指数排名。第二，IDI 指标存在统计口径差异。在 IDI 指数数据采集过程中，国际电联数据显示，各国报送的某些数据与 ITU 规定的统计口径有较大差异。例如，每百户居民移动宽带用户数是 IDI 指数中的二级指标，ITU 规定口径为活跃移动宽带用户数，造成两类统计口径名次不一致。第三，IDI 指标体系存在一定局限性。由于没有包含宽带速率、资费、互联网应用等方面的指标，IDI 指数无法准确反映 ICT 发展质量及互联网行业发展情况。所以，综合来看，IDI 指数具有较为明显的局限性。因此，有必要重新建立一个更加完整、全面的指标体系，确保测量结果科学合理、完整全面。

（二）ICT 公共服务评价体系的理论遴选

ICT 公共服务是一个包含多种因素的、复杂的系统，受到经济、人口、科技等诸多因素的影响，因此必须对诸因素进行遴选。从学界现有研究来看，在当前公共服务评价体系研究中，遴选模型大致可划分为3E法则和逻辑框架法LFA指标模型。Brudney和England在分析公共服务政策和目标效果时提出，公共服务评价应从公平性、回应性、效应性和效率性四个层面考虑。James提出公共服务绩效评价需要聚焦回应性、效益性等方面，该类指标大体包括经济和效益类，如投入、产出等；结果类，包括服务质量等指标；公平类，包括顾客满意度等指标。依照公共服务基本原理，提供公共服务的基本前提是必须保障一定的投入和资源，衡量产出的标准则是参考服务和效果。因此，ICT公共服务评价体系的构建也应聚焦公共服务的基本过程，即政府投入、资源形成、服务提供、服务效果四个环节。

根据近年国家对ICT领域的战略要求，结合众多学者研究基础和专家讨论，本书拟从服务投入、服务资源、服务提供和服务效果四个维度遴选了36个指标，建立了ICT公共服务评价体系，如表6－5所示。其中，服务投入主要用来衡量政府在ICT公共服务领域的投入规模和投入力度，体现其在ICT公共服务中的基础性地位。服务资源用来衡量有效、公平的公共服务供给所需资源的积累情况，反映ICT公共服务各类资源的建设和储备情况及能否有效保障ICT服务的生产、消费环节及相关活动都与公共服务的目标保持统一的程度。服务提供用来衡量各类ICT服务的实际供应情况，客观反映居民享受ICT公共服务的便捷程度。服务效果衡量公共服务投入通过生产、消费等环节，促使服务对象获得的应得利益或满足需求的程度，这不仅来自ICT公共服务本身，也包括服务传递的过程。

表6－5　ICT公共服务评价体系的理论遴选结果

目标层	准则层	指标层	
ICT公共服务总水平	服务投入	1	每万人从事信息传输、软件和信息技术的人数（人）
		2	信息传输、软件和信息技术就业人员平均工资（元）
		3	行业固定资产投资占全社会固定资产投资的比重（%）
		4	行业研发经费投入规模（亿元）

续表

目标层	准则层	指标层	
ICT公共服务总水平	服务资源	5	每千人拥有公用电话数（部）
		6	每万人拥有光缆线路长度（公里）
		7	每万人拥有移动通信基站数（个）
		8	每万人拥有局用交换机容量（门）
		9	每万人拥有移动电话交换机容量（户）
		10	每万人拥有固定长途电话交换机容量（路端）
		11	每万人拥有域名数（个）
		12	每万人拥有网站数（个）
		13	每万人拥有 IPv4 数（个）
		14	每万人拥有网页数（个）
		15	每万人拥有互联网宽带接入端口数（个）
		16	国际出口带宽（Mbps）
		17	网络平均速率（Mbps）
	服务提供	18	人均移动短信业务量（条）
		19	人均移动电话去话通话时长（分钟）
		20	人均固定长途电话通话时长（分钟）
		21	月度户均移动互联网流量（MB）
		22	互联网普及率（%）
		23	移动互联网普及率（%）
		24	固定电话普及率（%）
		25	移动电话普及率（%）
		26	家庭宽带普及率（%）
		27	行政村电话通达率（%）
		28	20户以上自然村电话通达率（%）
		29	乡镇宽带通达率（%）
	服务效果	30	电信综合价格水平下降程度（%）
		31	话音资费单价水平（元/分钟）
		32	流量资费单价水平（元/分钟）
		33	城镇居民人均交通通信消费支出占可支配收入比重（%）
		34	农村居民人均交通通信消费支出占纯收入比重（%）
		35	行业收入规模占全国GDP比重（%）
		36	话音收入规模占行业收入规模比重（%）

三 ICT 公共服务评价体系实证遴选

上述评价体系是秉承系统性、全面性来完成的，为保证评价指标进一步合理有效，必须对其进行实证遴选。本书基于调研访谈，采用模糊综合评价分析法对评价体系依次进行隶属度分析、相关性分析和鉴别力分析，提高评价指标的合理性。

（一）问卷调查

本次研究共选取了 N = 120 名专家进行了问卷调查，调研问卷要求专家结合自身专业知识、工作经验及对行业的深刻理解，从初步确定的 36 个指标中遴选出 10—20 个适合作为 ICT 公共服务体系的指标。这里的专家是指掌握扎实的专业知识和理论基础，对 ICT 领域具有深厚的了解和研究，对行业发展规律和趋势具有敏锐的洞察力，在该领域具有丰富工作经验的人。他们主要来自工业和信息化部、中国 ICT 研究院、中国移动等政府部门、科研机构和相关企业。虽然专家的选择具有一定主观性，但融合多位专家的专业知识、工作经验、意见建议，能够将主观选择转化为客观评价，删除一些不被专家认可的指标，极大地增强评价体系的客观性和合理性。本次发放共回收问卷 83 份，回收率 69.2%，有效问卷 50 份，有效率 60.2%。这些有效问卷分别来自中国 ICT 研究院（22 份）、工业和信息化部（16 份）、中国移动（12 份）。

（二）信度效度检验

问卷回收后，运用 STATA 14.0 对调查结果进行统计分析。在信度检验方面，本书采取 Cronbach's Alpha 系数来评估调查结果的信度，一般认为 Cronbach's Alpha 系数大于 0.7，表明样本可靠性较高，本次调查问卷的 Cronbach's Alpha 系数为 0.817，大于 0.7，表明调查结果通过了信度检验，具有较高的可信度。在效度检验方面，通过对调研问卷进行 Bartlett 球形检验，得出卡方值为 1114.7603，自由度 df = 630，检验的显著性水平 Sig. = 0.000，抽样拟合度 KMO 检验值为 0.604，一般认为 KMO 值在 0.6—0.7 表示检验结果可以被接受，为此，表明调查结果通过了效度检验。具体结果如表 6 - 6 所示。

（三）隶属度分析

隶属度是用模糊集合去描述和分析某个模糊现象，在模糊子集合的基础上，描述某个元素属于集合的程度。因此，将初步确定的 ICT 公共服务评价体系视为一个模糊集合，把每个指标被选择的次数视为一个元素。则每个元素归属于指标的隶属度可表示为：

$$r_i = \frac{n}{N}(i=1, 2, \cdots, 50) \tag{6-1}$$

表 6-6　　信度和效度检验结果

Cronbach's Alpha		0.817
KMO		0.604
Bartlett 球体检验值	卡方检验值	1114.7603
	df	630
	Sig.	0.000

如果 r_i 值很大，则表示该指标属于模糊集合 $\{R\}$ 的可能性较大，即在评价体系中的重要性较大，应该予以保留；反之，如果 r_i 值很小，则表示该指标属于模糊集合 $\{R\}$ 的可能性较小，即在评价体系中的重要性较小，应该予以删除。本书以 0.6 为临界值，对 $r_i \leqslant 0.6$ 的指标予以删除，对 $r_i > 0.6$ 的指标予以保留。

（四）相关分析

相关分析是为了确定两个或多个指标之间的相关密切程度，消除评价指标所反映的信息重复对评价结果的影响，一般采用相关系数进行判断。相关系数计算公式如下：

$$\phi_{ij} = \frac{\sum_{m=1}^{n}(D_{mi} - \overline{D_i})(D_{mj} - \overline{D_j})}{\sqrt{\sum_{m=1}^{n}(D_{mi} - \overline{D_i})(D_{mj} - \overline{D_j})^2}} \tag{6-2}$$

其中，ϕ_{ij} 为第 i 个指标与第 j 个指标的相关系数；D_{mi} 为第 m 个方面第 i 个指标的平均值。通过设定临界值 M（$0 < M < 1$），并比较相关系数 ϕ_{ij} 与临界值的绝对值大小进行指标遴选。本书以 0.7 为临界值，对 $\phi_{ij} > 0.7$ 的指标予以删除，对 $\phi_{ij} \leqslant 0.7$ 的指标予以保留。

（五）鉴别力分析

鉴别力是遴选出的评价指标能够鉴别不同 ICT 公共服务水平特征差异的能力。如果 ICT 公共服务水平在某项评价指标上表现出较强的结果一致性，则该指标不能有效区分不同 ICT 公共服务水平的特征差异；反之亦相反。在具体评价时，一般通过变差系数进行判断，变差系数越大，评价指标的鉴别力越强；变差系数越小，鉴别力越弱。变差系数计算公式如下：

$$V_i = \frac{S_i}{X} = \frac{\sqrt{\frac{1}{n}\sum (X_i - \overline{X})^2}}{\frac{1}{n}\sum_{i=1}^{n} X_i} \tag{6-3}$$

其中，$\overline{X}$ 为平均值；S_i 为标准差，根据公式得出相应各个指标的鉴别力水平。本书以 0.3 为临界值，拟删除变差系数低于 0.3 的指标。

经过以上分析，最终拟删除 20 项指标，保留 16 项指标，具体结果如表 6－7 所示。

表 6－7　ICT 公共服务评价体系的实证遴选结果

评价指标	隶属度分析		相关性分析	鉴别力分析		最终筛选
	分析结果	筛选结果		分析结果	筛选结果	
每万人从事信息传输、软件和信息技术的人数（人）	0.70	√	√	0.39	√	保留
信息传输、软件和信息技术就业人员平均工资（元）	0.62	√	√	0.48	√	保留
行业固定资产投资占全社会固定资产投资的比重（%）	0.68	√	√	0.42	√	保留
行业研发经费投入规模（亿元）	0.50	×	×	0.45	×	删除
每千人拥有公用电话数（部）	0.24	×	×	0.54	×	删除
每万人拥有光缆线路长度（公里）	0.64	√	√	0.42	√	保留
每万人拥有移动通信基站数（个）	0.68	√	√	0.40	√	保留
每万人拥有局用交换机容量（门）	0.64	√	√	0.34	√	保留
每万人拥有移动电话交换机容量（户）	0.88	√	√	0.26	×	删除

续表

评价指标	隶属度分析		相关性分析	鉴别力分析		最终筛选
	分析结果	筛选结果		分析结果	筛选结果	
每万人拥有固定长途电话交换机容量（路端）	0.46	×	×	0.41	×	删除
每万人拥有域名数（个）	0.88	√	√	0.25	×	删除
每万人拥有网站数（个）	0.48	×	×	0.39	×	删除
每万人拥有 IPv4 数（个）	0.64	√	√	0.35	√	保留
每万人拥有网页数（个）	0.30	×	×	0.48	×	删除
每万人拥有互联网宽带接入端口数（个）	0.66	√	√	0.41	√	保留
国际出口带宽（Mbps）	0.90	√	√	0.27	×	删除
网络平均速率（Mbps）	0.46	×	×	0.50	×	删除
人均移动短信业务量（条）	0.34	×	×	0.52	×	删除
人均移动电话去话通话时长（分钟）	0.86	√	√	0.28	×	删除
人均固定长途电话通话时长（分钟）	0.24	×	×	0.54	×	删除
月度户均移动互联网流量（MB）	0.58	×	×	0.44	×	删除
互联网普及率（%）	0.68	√	√	0.43	√	保留
移动互联网普及率（%）	0.52	×	×	0.43	×	删除
固定电话普及率（%）	0.48	×	×	0.45	×	删除
移动电话普及率（%）	0.64	√	√	0.43	√	保留
家庭宽带普及率（%）	0.50	×	×	0.43	×	删除
行政村电话通达率（%）	0.86	√	√	0.28	×	删除
20 户以上自然村电话通达率（%）	0.62	√	√	0.43	√	保留
乡镇宽带通达率（%）	0.66	√	√	0.43	√	保留
电信综合价格水平下降程度（%）	0.68	√	√	0.45	√	保留
话音资费单价水平（元/分钟）	0.64	√	√	0.39	√	保留
流量资费单价水平（元/分钟）	0.40	×	×	0.59	×	删除

续表

评价指标	隶属度分析		相关性分析	鉴别力分析		最终筛选
	分析结果	筛选结果		分析结果	筛选结果	
城镇居民人均交通通信消费支出占可支配收入比重（%）	0.66	√	√	0.39	√	保留
农村居民人均交通通信消费支出占纯收入比重（%）	0.66	√	√	0.45	√	保留
行业收入规模占全国 GDP 比重（%）	0.50	×	×	0.49	×	删除
话音收入规模占行业收入规模比重（%）	0.22	×	×	0.53	×	删除

（六）权重分析

层次分析法（Analytic Hierarchy Process，AHP）是由美国 Pittsburgh 大学 T. L. Satty 教授提出的一种将与决策相关的要素分解成目标层、准则层、指标层的递阶层次结构。鉴于 ICT 领域特点，本书采用 AHP 法来确定评价指标权重，主要步骤如下：

第一，构建递阶层次结构模型。目标层指“ICT 公共服务总水平”；准则层包括 B1 服务投入、B2 服务资源、B3 服务提供、B4 服务效果 4 个指标；方案层包括遴选出的 16 项评价指标。具体如图 6－4 所示。

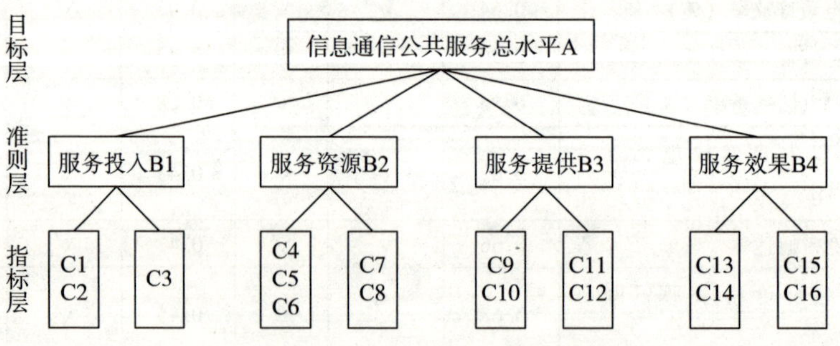

图 6－4　ICT 公共服务评价模型

第二，构造判断矩阵。邀请专家按照评价体系结构从上到下采用1—9标度法，通过专家分析，确定因素之间两两比较相对重要性的比值，建立比较判断矩阵，如表6－8所示。

表6－8　判断矩阵评价标度

标度	取值含义	具体赋值
1	如果两个元素相比，i元素与j元素同等重要	$W_{ij}=1$，$W_{ji}=1$
3	如果两个元素相比，i元素比j元素稍微重要	$W_{ij}=3$，$W_{ji}=1/3$
5	如果两个元素相比，i元素比j元素比较重要	$W_{ij}=5$，$W_{ji}=1/5$
7	如果两个元素相比，i元素比j元素明显重要	$W_{ij}=7$，$W_{ji}=1/7$
9	如果两个元素相比，i元素比j元素十分重要	$W_{ij}=1$，$W_{ji}=1/9$
2，4，6，8	上述两相邻判断的中间值	$W_{ij}=2$，4，6，8，$W_{ji}=1/2$，1/4，1/6，1/8

第三，判断次序一致性。若$b_{ij}>1$，$b_{jk}>1$能导出$b_{ik}>1$，则所构建的矩阵具有次序一致性，否则应舍弃该矩阵。

第四，判断矩阵的一致性检验。即专家判断逻辑及各要素重要度间的统一性。首先应计算第k位专家的判断矩阵的每行元素积的n次方根$\overline{w_i}$：

$$\overline{w_i^k}=\sqrt[n]{\prod_{j=1}^{n}b_{ij}}(i=1,2,\cdots,n;j=1,2,\cdots,n;k=1,2,\cdots,m) \quad (6-4)$$

其次，对其进行归一化处理得到各指标的权重：

$$\overline{w_i^k}=\frac{\overline{w_i^k}}{\sum_{i=1}^{n}\overline{w_i^k}}(i=1,2,\cdots,n;k=1,2,\cdots,m) \quad (6-5)$$

最后，求出该矩阵的最大特征值，并进而得出一致性比率：

$$\lambda_{\max}^k=\frac{1}{n}\sum_{i=1}^{n}\frac{\sum_{h=1}^{n}b_{ij}W_j}{W_i}(i=1,2,\cdots,n;j=1,2,\cdots,n;k=1,2,\cdots,m) \quad (6-6)$$

$$CR^k=\frac{CI^k}{RI}=\frac{\lambda_{\max}^k-n}{n-1}\times\frac{1}{RI}(k=1,\ 2,\ \cdots,\ m) \tag{6-7}$$

其中，CI^k 表示第 k 位专家矩阵一致性指标；CR^k 表示第 k 位专家矩阵一致性比率，通常以 0.1 为临界值；RI 表示平均随机一致性指标；$\lambda_{\max}$表示判断矩阵的最大特征根；n 表示 n 阶一致阵的唯一非零特征根。根据计算，ICT 公共服务评价体系各层次指标权重都通过了一致性检验。

第五，确定多位专家指标的相对权重。首先通过 CR^k 确定专家相对权重 $P_k^{\#}$：

$$P_k^{\#}=\frac{\dfrac{1}{1+aCR^k}}{\sum_{k=1}^{n}\dfrac{1}{1+aCR^k}}(a=10;k=1,2,\cdots,m) \tag{6-8}$$

然后结合指标权重 w_i^k，便可计算得到多专家指标的相对权重 $W_i^{\#}$：

$$W_i=\sum_{k=1}^{n}w_i^k\times P_k^{\#}(i=1,2,\cdots,n;k=1,2,\cdots,m) \tag{6-9}$$

$$W_i^{\#}=\frac{W_i}{\sum_{i=1}^{n}W_i}(i=1,2,\cdots,n) \tag{6-10}$$

第六，最终确定评价体系的综合权重。其中 $W_{BC}^{\#}$ 为方案层综合权重，$W_B^{\#}$为准则层对目标层的权重，$W_C^{\#}$ 为方案层对准则层的权重，具体公式如下：

$$W_{BC}^{\#}=W_B^{\#}\times W_C^{\#} \tag{6-11}$$

由此，可以得出最终各层所有指标的权重值。以上可通过 YAAHP10.5（专业版）的群组决策功能来实现，结果如表 6-9 所示。

四 我国 ICT 公共服务能力评价研究

（一）数据来源和数据处理

本书数据主要来源于《2005—2015 年国民经济与社会发展统计公报》《2015 年中国统计年鉴》《2015 年中国人口和就业统计年鉴》《2005—2015 年电信业统计公报、统计快报》《中国互联网络发展状况统计报告》《中国宽带普及状况报告》等。

表6-9　ICT公共服务评价体系及其权重

<table>
<tr><th rowspan="2">目标层</th><th colspan="2">准则层</th><th colspan="4">指标层</th></tr>
<tr><th>准则名称</th><th>对目标层权重 $W_B^{\#}$</th><th colspan="2">指标名称 C_i</th><th>对准则层权重 $W_C^{\#}$</th><th>对目标层权重 $W_C^{\#} \times W_C^{\#}$</th></tr>
<tr><td rowspan="16">ICT公共服务总水平</td><td rowspan="3">B1服务投入</td><td rowspan="3">0.378</td><td>C1</td><td>每万人从事信息传输、软件和信息技术的人数（人）</td><td>0.273</td><td>0.103</td></tr>
<tr><td>C2</td><td>信息传输、软件和信息技术就业人员平均工资（元）</td><td>0.243</td><td>0.092</td></tr>
<tr><td>C3</td><td>行业固定资产投资占全社会固定资产投资的比重（%）</td><td>0.484</td><td>0.183</td></tr>
<tr><td rowspan="5">B2服务资源</td><td rowspan="5">0.197</td><td>C4</td><td>每万人拥有光缆线路长度（公里）</td><td>0.205</td><td>0.040</td></tr>
<tr><td>C5</td><td>每万人拥有移动通信基站数（个）</td><td>0.238</td><td>0.047</td></tr>
<tr><td>C6</td><td>每万人拥有局用交换机容量（门）</td><td>0.185</td><td>0.037</td></tr>
<tr><td>C7</td><td>每万人拥有IPv4数（个）</td><td>0.112</td><td>0.022</td></tr>
<tr><td>C8</td><td>每万人拥有互联网宽带接入端口数（个）</td><td>0.260</td><td>0.051</td></tr>
<tr><td rowspan="4">B3服务提供</td><td rowspan="4">0.214</td><td>C9</td><td>移动电话普及率（%）</td><td>0.170</td><td>0.036</td></tr>
<tr><td>C10</td><td>20户以上自然村电话通达率（%）</td><td>0.299</td><td>0.064</td></tr>
<tr><td>C11</td><td>互联网普及率（%）</td><td>0.274</td><td>0.059</td></tr>
<tr><td>C12</td><td>乡镇宽带通达率（%）</td><td>0.258</td><td>0.055</td></tr>
<tr><td rowspan="4">B4服务效果</td><td rowspan="4">0.211</td><td>C13</td><td>电信综合价格水平下降程度（%）</td><td>0.368</td><td>0.078</td></tr>
<tr><td>C14</td><td>话音资费单价水平（元/分钟）</td><td>0.229</td><td>0.048</td></tr>
<tr><td>C15</td><td>城镇居民人均交通通信消费支出占可支配收入比重（%）</td><td>0.179</td><td>0.038</td></tr>
<tr><td>C16</td><td>农村居民人均交通通信消费支出占纯收入比重（%）</td><td>0.223</td><td>0.047</td></tr>
</table>

首先，采用直线型无量纲化法，对收集到的原始数据进行Min-Max标准化处理，确保各指标间具备可比性，具体公式如下：

$$C_{ij}^{*} = \frac{C_{ij} - \min\limits_{i} C_{ij}}{\max\limits_{i} C_j - \min\limits_{i} C_j},\ i = 1,\ 2,\ \cdots,\ m;\ j = 1,\ 2,\ \cdots,\ n\text{（正向指标）} \quad (6-12)$$

$$C_{ij}^{*} = \frac{\max\limits_{i} C_{ij} - C_{ij}}{\max\limits_{i} C_{j} - \min\limits_{i} C_{j}}$$，$i=1, 2, \cdots, m$；$j=1, 2, \cdots, n$（负向指标） (6－13)

其中，C_{ij}^{*}是标准化后的取值；C_{ij}是第i个指标第j年的取值。具体如表6－10所示。

表6－10　ICT公共服务能力评价指标标准值

年份Y / 指标C	2005	2006	2007	2008	2009	2010	2011	2012	2013	2014	2015
C1	0.000	0.010	0.025	0.036	0.054	0.068	0.102	0.114	0.247	0.256	0.273
C2	0.000	0.015	0.029	0.052	0.062	0.082	0.103	0.134	0.167	0.199	0.243
C3	0.484	0.387	0.292	0.298	0.282	0.118	0.093	0.059	0.020	0.000	0.009
C4	0.000	0.002	0.017	0.027	0.042	0.059	0.080	0.107	0.133	0.164	0.205
C5	0.000	0.004	0.010	0.018	0.047	0.062	0.081	0.098	0.116	0.176	0.238
C6	0.024	0.004	0.000	0.003	0.016	0.038	0.061	0.060	0.081	0.086	0.185
C7	0.000	0.010	0.027	0.047	0.070	0.089	0.112	0.111	0.074	0.110	0.111
C8	0.000	0.010	0.023	0.038	0.056	0.087	0.114	0.169	0.192	0.219	0.260
C9	0.000	0.013	0.030	0.047	0.068	0.089	0.113	0.136	0.156	0.166	0.170
C10	0.000	0.016	0.052	0.087	0.114	0.159	0.186	0.213	0.231	0.240	0.299
C11	0.000	0.013	0.049	0.092	0.134	0.169	0.195	0.220	0.245	0.258	0.274
C12	0.000	0.039	0.056	0.132	0.157	0.232	0.232	0.258	0.258	0.258	0.258
C13	0.269	0.327	0.249	0.177	0.220	0.214	0.067	0.000	0.020	0.258	0.368
C14	0.000	0.060	0.125	0.167	0.194	0.220	0.229	0.227	0.218	0.218	0.222
C15	0.091	0.116	0.126	0.038	0.121	0.179	0.127	0.141	0.000	0.038	0.088
C16	0.000	0.043	0.033	0.003	0.024	0.022	0.026	0.059	0.190	0.223	0.159

其次，采用线性加权和函数法对ICT公共服务能力进行测度，计算公式如下：

$$R_j = \sum_{i=1}^{n} \beta_i Z_i \tag{6－14}$$

$$R = \sum^{n} R_j \beta_j \tag{6－15}$$

其中，R_j为第j类准则层的评价值（$j=1, 2, 3, 4$）；β_i为指标层

中第 i 个指标对准则层的权重；Z_i 为指标层中第 i 个指标的标准化值，$n=4$；R 为 ICT 公共服务能力的总体评价值；β_j 为准则层中第 j 类准则对目标层的权重。

（二）评价结果及分析

根据上述评价体系和评价方法，对 2005—2015 年我国 ICT 公共服务能力进行测度，得出我国 ICT 公共服务总体能力及分类能力的评价结果及其趋势变化，具体如表 6-11、图 6-5 和图 6-6 所示。

表 6-11　我国 ICT 公共服务能力综合评价得分

指标＼年份	2005	2006	2007	2008	2009	2010	2011	2012	2013	2014	2015
服务投入 B1	0.484	0.412	0.345	0.386	0.398	0.269	0.298	0.307	0.434	0.456	0.525
服务资源 B2	0.024	0.030	0.077	0.133	0.231	0.335	0.449	0.546	0.596	0.755	1.000
服务提供 B3	0.000	0.081	0.187	0.359	0.473	0.649	0.726	0.826	0.889	0.921	1.000
服务效果 B4	0.360	0.547	0.533	0.385	0.559	0.635	0.448	0.426	0.428	0.737	0.837
总体能力 A	0.264	0.295	0.298	0.330	0.415	0.441	0.451	0.490	0.562	0.673	0.786

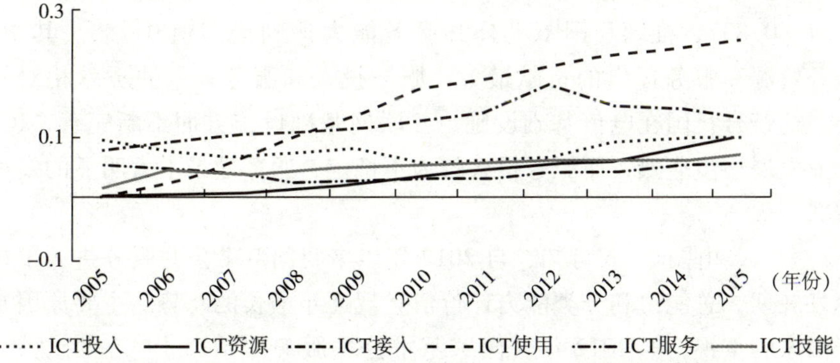

图 6-5　2005—2015 年我国 ICT 公共服务分类能力发展趋势

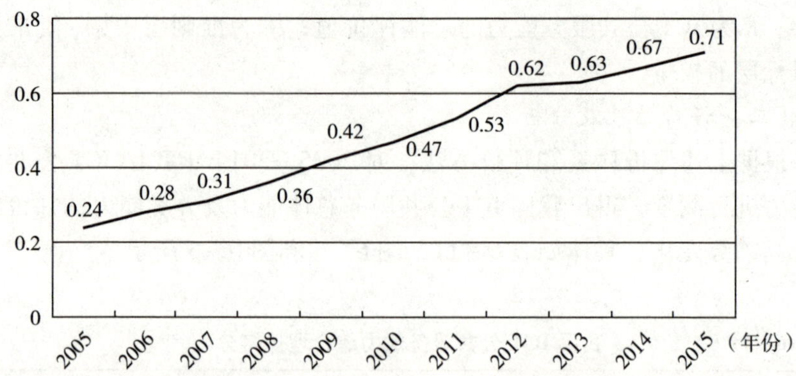

图 6－6　2005—2015 年我国 ICT 公共服务总能力发展趋势

第一，根据表 6－9 可知，服务投入的比重最高（37.8%），验证了公共服务投入在基本公共服务体系建设中的核心和基础地位。服务资源（19.7%）、服务提供（21.4%）、服务效果（21.1%）三者权重相差不大；其中，服务提供权重排名第二，表明服务提供的内容和形式是提升 ICT 公共服务能力的关键抓手；服务效果权重位居第三，可知满足居民对 ICT 的服务需求是提升 ICT 公共服务能力的重要途径；而服务资源则是提升总体能力的重要保障。

第二，根据表 6－11 和图 6－5 可知，2005—2015 年 4 项分类能力均处于上升状态，对我国 ICT 公共服务总能力的推动作用显著。2015 年服务投入、服务资源、服务提供、服务效果的评价值分别为 0.525、1、1、0.837，推动我国 ICT 公共服务能力达到最高值 0.786。其中，服务资源和服务提供的贡献最大，服务投入和服务效果的贡献相对较小，这符合我国在电信基础设施、互联网基础设施方面不断完善，ICT 产业发展逐步成熟，而服务投入较为不稳定，服务效果不太明显的发展现状。

第三，由图 6－6 可知，自 2012 年以来我国 ICT 公共服务进入了快速发展期，总能力和分类能力评价值呈现逐年增长的态势。主要原因在于国家的重视，如 2012 年《国家基本公共服务体系“十二五”规划》《“十二五”国家战略性新兴产业发展规划》，2013 年《“宽带中国”战略》、4G 牌照发放、移动转售试点等政策出台，2014 年鼓励和引导社会资本开放宽带接入市场，及2015年推出的电信普遍服务补偿机制与提速降费等举措均为我国ICT公共服务发展指明了方向，促使2012年以来评价值的持续上升。

第四节　ICT公共服务对国家创新能力的影响及提升路径

通过以上分析可知，ICT对国家创新能力的作用机制主要体现在技术驱动、人力资本积累和公共基础设施三个方面，而ICT公共基础设施的作用独立性最强，即不考虑另外两个要素的情况下，直接加强ICT公共基础设施建设便可有效地提升国家创新能力，而基于ICT公共基础设施及围绕ICT公共基础设施所衍生的ICT服务已经具备了公共属性。因此，提升我国ICT公共服务能力，对有效促进国家创新能力发展也将具有正向作用。而ICT公共服务是一项系统工程，要全面提升我国ICT公共服务能力，首先要围绕ICT的公共属性，提升供给能力；其次要提升ICT技术、产业、企业等自身发展能力；最后要加强对数字经济、共享经济及其他国民经济产业的支撑，具体包括以下五条路径。

一　激发社会资本活力，提升多元化供给能力

第一，鼓励社会资本、第三方机构积极搭建ICT公共服务平台，并借助其力量提供ICT公共产品、服务，并保障质量和效果，回应产业、企业、用户等多层面的ICT服务需求。第二，ICT是具备市场化能力的公共产品和服务，而公共服务市场化一般包括政府服务、合同外包、特许经营、自我服务等多种形式。因此，ICT公共服务可尝试采取合同外包、专项补贴等形式，如通过合同外包将部分ICT公共服务生产权或提供权通过公开竞标等方式转让给社会资本，中标企业需根据既定合同及质量标准提供公共服务，政府通过财政资金购买其产品和服务，有利于ICT公共服务质量和效果的提升，可以激发社会资本提供公共服务的积极性，政府也将获取部分收益，提高财政灵活性。

二　加快产业升级与企业转型，夯实自身能力

第一，逐步补齐科技创新不可或缺的基础技术、通用技术，促使技术创新链与ICT产业链共同作用，构建全新的ICT技术生态系统；第

二，拓宽传统电信服务边界，促使基础电信企业在网络等核心资源基础上，尝试利用规模用户信息等创新资源，提供互联网、信息服务、数字内容等多元内容；第三，促进互联网企业回归创新本质，避免因资本的逐利性而带来的创新泡沫，并发挥其创新灵活性优势，将资本及资源切实应用到技术创新、工艺创新等实质性创新方面，满足市场需求，并不断创造新需求。

三 强化 ICT 与其他领域的融合、创新、发展

第一，以移动通信、宽带网络等 ICT 服务资源为基础，通过政府政策支持、财政资金支持及社会资本引入，整合政府与社会信息资源，推动教育、医疗等领域的公共信息基础服务；第二，依托 ICT 公共服务资源及 ICT 技术发展，全面带动工业、制造业等传统产业升级，实现相关产业基础信息化水平的快速普及和提升，进而实现国民经济各产业间的协同发展；第三，依托 ICT 公共服务资源建设和布局，调整科技资源占有、配置、开发和利用的方式，并助力科技创新公共服务平台建设，支撑和推动科技进步与自主创新。

四 满足多层次需求，提升 ICT 公共服务效果

提升 ICT 公共服务必须以居民为中心，提升服务效果：第一，公共政策过程学派提出决策环节的参与程度与不同主体的利益均衡具有显著的相关性，因此，应构建居民代表参与决策的有效路径，通过促进政府与居民之间的互动，实现 ICT 公共服务决策机制向自下而上转变，以表达居民对 ICT 公共服务的核心需求。第二，注重居民群体的均衡化，满足不同居民对 ICT 公共服务较高的期望水平，如在有条件的地区可开展居民“ICT 低保”试点，将“ICT 低保”纳入居民社会保障范围，使生活困难群众在享有基本物质生活保障的同时，也享有基本的 ICT 公共服务保障；或在经济水平较好的社区、村镇试行困难群众凭低保等有关证件减免有线宽带费用、移动通信费用等，减免部分由财政对有关部门予以补贴。

五 建立并完善 ICT 公共服务考核监督机制

构建 ICT 公共服务考核监督机制：第一，ICT 公共服务体系建设是以实现居民 ICT 权益为目的，因此其考核和监督机制也都应注重需求导向和外部评价，即调整以政府管理部门为主体的单一、封闭的机制体系，构建包括政府、公众、企业、第三方评估机构等在内的开放型机

制。第二，尤其在监督方面，除了依靠政府内部监管机构监督以外，也要发挥外部的司法、媒体、社会公众等监督主体的作用。同时，扩大 ICT 公共服务监督客体的范围，包括财政预算、公共决策、执行效果等方面，更包括社会资本提供的产品质量、服务质量等。

建立和提升 ICT 公共服务水平是现阶段和未来相当长时期我国科技创新公共服务系统建设的重要任务之一。应树立“责任在政府，关键在投入”的理念，充分发挥政府主导作用，积极引导社会资本进入 ICT 公共服务建设领域，形成 ICT 公共服务多元化供给模式；并建立完善、科学、有效的考核监督机制，强化自我认知、自我纠偏、自我驱动，从而提升我国 ICT 公共服务水平，支撑我国科技创新公共服务系统建设，促进国家创新能力提升。

参考文献

本特—奥克·伦德瓦尔等:《国家创新系统:建构创新和交互学习的理论》,知识产权出版社 2016 年版。

邓衢文:《基于技术创新服务平台的共性技术扩散机制》,清华大学出版社 2010 年版。

冯晶:《我国共性技术研发组织发展模式研究》,北京工业大学出版社 2014 年版。

冯铁龙:《工业园区技术创新的扩散及其激励机制研究》,重庆大学出版社 2007 年版。

傅家骥等:《技术经济学前沿问题》,经济科学出版社 2003 年版。

郭咸刚:《西方管理思想史》(第二版),经济管理出版社 2005 年版。

克里斯托夫·弗里曼:《技术政策与经济绩效:日本国家创新系统的经验》,东南大学出版社 2008 年版。

李平:《国际技术扩散对发展中国家技术进步的影响:机制、效果及对策分析》,生活·读书·新知三联书店 2007 年版。

蔺雷、吴家喜:《科技中介服务论——服务链与创新链融合视角》,清华大学出版社 2014 年版。

黎艳:《开放经济条件下科技基础设施对技术创新的影响研究》,山东理工大学出版社 2014 年版。

李俊利:《我国资源节约型农业技术扩散问题研究》,华中农业大学出版社 2011 年版。

诺思等:《经济史上的结构和变革》,商务印书馆 1992 年版。

纳尔逊:《国家创新体系:比较分析》,知识产权出版社 2011 年版。

Scholtz, T. W.:《人力资本投资》,商务印书馆 1990 年版。

索洛:《经济增长因素分析》,商务印书馆 1991 年版。

魏心镇等:《新的产业空间:高技术产业开发区的发展与布局》,大学出版社 1993 年版。
王莹:《基于生态产业链的绿色技术创新扩散机制分析》,东北大学出版社 2008 年版。
武春友:《技术创新扩散》,化学工业出版社 1997 年版。
乌利齐·施莫河等:《国家创新体系比较:德国国家创新体系的结构与绩效》,知识产权出版社 2011 年版。
熊彼特:《经济发展理论》,九州出版社 2007 年版。
熊彼特:《经济周期循环论》,中国长安出版社 2009 年版。
杨玥:《产业技术研究院运行机制研究》,河北工业大学出版社 2014 年版。
叶萌:《欧洲、美国和日本典型产业共性技术供给模式分析》,华中科技大学出版社 2007 年版。
中国科学技术发展战略研究院:《中国区域科技进步评价报告 2015》,科学技术文献出版社 2016 年版。
张国方等:《基于网络环境的技术扩散机制研究》,《科技进步与对策》2002 年第 4 期。
赵维双:《技术创新扩散的环境与机制研究》,吉林大学出版社 2005 年版。
陈子凤等:《ICT 对国家创新系统的作用机理研究》,《管理评论》2016 年第 7 期。
储伊力等:《信息化与技术创新的关系研究——基于东中西三大区域的比较分析》,《情报杂志》2016 年第 7 期。
曹丽燕:《发达国家建设科技服务体系的经验》,《科技管理研究》2007 年第 4 期。
陈锟:《种子顾客的网络分布对创新扩散的影响》,《管理科学》2010 年第 1 期。
陈国生等:《基于 Bootstrap - DEA 方法的中国科技资源配置效率空间差异研究》,《经济地理》2014 年第 11 期。
陈劲等:《创意产业中企业创意扩散的影响因素分析》,《技术经济》2008 年第 3 期。
蔡跃洲等:《信息通信技术对中国经济增长的替代效应与渗透效应》,《经济研究》2015 年第 12 期。

邓华等:《创新型国家评价指标研究及其对我国的启示》,《科技进步与对策》2012 年第 11 期。
段福兴等:《我国科技基础设施的指标构建及评价研究》,《华东经济管理》2015 年第 7 期。
冯云生等:《基于产业集群的技术创新扩散动力因素分析》,《东吴学术》2012 年第 1 期。
付晓蓉等:《消费者知识对我国信用卡创新扩散的影响研究》,《中国软科学》2011 年第 2 期。
冯海洲等:《发达国家科技服务业对中国的启示》,《科技信息》2012 年第 22 期。
高亮等:《公共政策视角下我国科技基础条件平台开放共享路径研究》,《科技管理研究》2014 年第 19 期。
郭锋等:《基于技术服务中心的供应链技术扩散机制研究》,《研究与发展管理》2006 年第 2 期。
何世鼎等:《探究日本产业技术综合研究所(AIST)的运行机制》,《厦门科技》2008 年第 6 期。
黄海霞等:《基于 DEA 模型的我国战略性新兴产业科技资源配置效率研究》,《中国软科学》2015 年第 1 期。
黄传慧等:《美国科技政策体系研究》,《科技管理研究》2013 年第 22 期。
黄军英:《美国科技创新实力及创新体系优劣势分析》,《全球科技经济瞭望》2014 年第 10 期。
韩燕萍:《科技创新服务体系中创新主体的联动机制建设》,《发展研究》2015 年第 5 期。
韩元建等:《共性技术扩散的影响因素分析及对策》,《中国科技论坛》2017 年第 1 期。
胡文国:《创建以工业技术研究院为核心的新型技术创新联盟——以深圳工研院科技创新和产业发展为例》,《科学学与科学技术管理》2009 年第 3 期。
韩元建等:《美国政府支持共性技术研发的政策演进及启示——理论、制度和实践的不同视角》,《中国软科学》2015 年第 5 期。
黄海洋等:《美国共性技术研发机构的发展经验与启示——NIST 的发展

经验及其在美国技术创新体系中的角色与作用》,《科学管理研究》2011 年第 1 期。

贺德方等:《基于可持续性的国家科技基础设施评价系统研究》,《中国科技论坛》2007 年第 12 期。

黄晓艳:《对院地合作的思考与探索——访中国科学院北京分院副院长、北京国家技术转移中心主任李静》,《高科技与产业化》2011 年第 5 期。

韩先锋等:《信息化能提高中国工业部门技术创新效率吗?》,《中国工业经济》2014 年第 12 期。

揭筱纹等:《现代科技服务体系创新模式分析》,《软科学》2014 年第 5 期。

荆林波等:《ICT 基础设施:投资方式与最优政策工具》,《经济研究》2013 年第 5 期。

康鹏等:《ICT 服务产业发展与区域创新能力的关系》,《沈阳师范大学学报》(社会科学版)2013 年第 3 期。

刘辉等:《农业技术扩散的因素和动力机制分析——以杨凌农业示范区为例》,《农业现代化研究》2006 年第 3 期。

李文博:《我国科技中介服务体系与发达国家的差距及对策》,《中国科技论坛》2011 年第 7 期。

吕薇:《我国技术创新服务体系的现状与问题》,《北方经济》2006 年第 3 期。

刘会武:《关于科技服务体系建设的思考与建议》,《中国高新区》2011 年第 12 期。

刘伟等:《中国高新技术产业技术创新效率的区域差异分析——基于三阶段 DEA 模型与 Bootstrap 方法》,《财经问题研究》2013 年第 8 期。

李平等:《科技基础设施对技术创新的贡献度研究——基于中国地区面板数据的实证分析》,《研究与发展管理》2013 年第 6 期。

李平等:《科技基础设施二次创新效应的差异性分析》,《科学学与科学技术管理》2014 年第 12 期。

李顺才等:《日本产业技术综合研究所(AIST)研发组织机制分析》,《科技管理研究》2008 年第 3 期。

黎艳:《科技基础设施对技术进步的机制分析》,《经济研究导刊》2014年第16期。

刘相飞等:《中美科技中介服务体系系统性比较研究》,《科学管理研究》2015年第6期。

龙天炜等:《技术进步对区域产品创新能力影响路径研究》,《中国科技论坛》2012年第9期。

刘志迎等:《ICT资本对各地高技术产业产出影响及边际产出》,《上海经济研究》2008年第3期。

李海超等:《我国ICT产业成长能力评价研究》,《科学学与科学技术管理》2013年第6期。

刘湖等:《互联网+时代背景下ICT与经济增长关系的实证分析——来自中国省级面板数据研究》,《统计与信息论坛》2015年第12期。

彭洁等:《基于系统论的科技基础设施概念模型研究》,《科学学与科学技术管理》2008年第9期。

潘泽生等:《重大科技基础设施在国家创新体系中的地位与作用》,《中国高校科技》2012年第9期。

屈娥等:《发达国家科技服务业运行特点分析及对中国的启示》,《经济研究导刊》2012年第22期。

任中保等:《国家自主创新能力内涵与建设思路》,《科研管理》2013年第9期。

盛垒:《国外创新型国家创新体系建设的主要经验及其对我国的重要启示》,《世界科技研究与发展》2006年第5期。

孙文杰等:《人力资本积累与中国制造业技术创新效率的差异性》,《中国工业经济》2009年第3期。

孙浩林等:《弗朗霍夫学会服务企业的机制研究及对我国的启示》,《全球科技经济瞭望》2018年第4期。

王伟光等:《高技术产业创新驱动中低技术产业增长的影响因素研究》,《中国工业经济》2015年第3期。

吴晓云等:《我国区域创新产出的影响因素研究——基于ICT的视角》,《科学学与科学技术管理》2013年第10期。

汪传雷等:《美国科技资源共享经验及对我国的启示》,《现代情报》2014年第1期。

吴应良等:《一种基于价值网的科技服务体系协同发展模式》,《科技管理研究》2012 年第 16 期。

王雪平等:《我国科技中介组织运作机制的现状与创新研究》,《科学管理研究》2006 年第 5 期。

王春法:《关于国家创新体系建设的几个问题》,《管理论坛》2003 年第 1 期。

王卷乐等:《科技创新能力及其与科技基础设施关系的研究》,《中国基础科学》2007 年第 6 期。

王开明等:《技术创新扩散及其壁垒:微观层面的分析》,《科学学研究》2005 年第 1 期。

王淑玲:《德国弗朗霍夫协会系统与创新研究所运行特色初探》,《智库理论与实践》2020 年第 2 期。

吴晓玲等:《科技基础资源开放共享对创新资源配置效率的影响》,《浙江树人大学学报》(人文社会科学版)2013 年第 6 期。

汪行等:《考虑任务难度和能力差异的高新区企业技术创新扩散激励机制研究》,《华东理工大学学报》(社会科学版)2012 年第 2 期。

王维等:《政府补助、研发投入与信息技术企业价值研究》,《科技进步与对策》2016 年第 22 期。

王学军等:《区域智力资本与区域创新能力——指标体系构建及其相关关系研究》,《管理工程学报》2010 年第 3 期。

鲜于波等:《主体异质性、小世界网络与间接网络效应下的标准扩散——基于 Agent 计算建模的研究》,《管理评论》2009 年第 3 期。

许慧敏等:《技术创新扩散系统的动力机制研究》,《科学学研究》2006 年第 24 期。

许港等:《信息化水平对中国工业技术创新能力影响研究——基于价值链视角下的两阶段分析》,《华东经济管理》2013 年第 10 期。

杨朝峰:《基于领导者—追随者混合结构模型的创新扩散实证研究》,《中国软科学》2006 年第 9 期。

杨宗凯等:《论信息技术与当代教育的深度融合》,《教育研究》2014 年第 3 期。

姚王信等:《创新要素区位分布对省域专利质押融资能力的影响》,《科技进步与对策》2016 年第 22 期。

张晓芬:《美国构建科技中介服务体系的经验及启示》,《辽宁大学学报》(哲学社会科学版)2006年第2期。

赵加强:《基于共性技术研发的弗朗霍夫模式研究》,《工业工程与管理》2012年第5期。

赵伟等:《国家科技基础设施运行绩效评价指标体系的构建》,《科技进步与对策》2007年第10期。

郑江锋:《从公共物品角度对科技基础设施的相关界定分析》,《科技进步与对策》2004年第10期。

朱鹏舒:《国家重大科技基础设施的发展规律、现状问题和展望》,《中国工程咨询》2017年第3期。

赵新刚等:《企业产品创新的扩散与采纳者的行为决策模式研究》,《中国管理科学》2006年第5期。

朱李鸣:《我国技术扩散导引机制初步考察》,《科技管理研究》1988年第3期。

张然斌等:《基于需求方企业的循环技术扩散机制研究》,《财经理论与实践》(双月刊)2007年第145期。

斋藤优:《技术的生命周期》,《外国经济参考资料》1983年第4期。

赵骅等:《基于企业集群的技术创新扩散激励机制研究》,《中国管理科学》2008年第4期。

张杰军等:《日本产业技术综合研究所管理体制与运行机制探析》,《中国科技论坛》2005年第5期。

张于喆等:《国家自主创新能力内涵的研究》,《经济问题探索》2006年第11期。

邹樵:《共性技术扩散的概念及其特征》,《科技管理研究》2010年第19期。

国家重大科技基础设施建设中长期规划,http://www.gov.cn/zwgk/2013-03/04/content_2344891.htm,2013年2月。

国家重大科技基础设施建设"十三五"规划,http://www.sdpc.gov.cn/zcfb/zcfbghwb/201701/t20170111_834860.html,2016年12月。

Blinder, Alan S., Gordon, Roger H., Wise and Donald E., "Reconsidering Social Security, Bequests and the Life Cycle Theory of Saving: Cross-Sectional Tests", The Determinants of National Saving and

Wealth, Martin's Press, 1983.

Chesbrough, H., *Open Innovation: The New Imperative for Creating and Profiting from Technology*, Boston: Harvard Business School Press, 2003.

Freeman, C., *Technology Policy and Economic Performance: Lessons from Japan*, Pinter, London, 1987.

Freeman, C., "Japan: A New National Innovation Systems?", in: Dosi, G., Freeman, C., Nelson, R. R., Silverberg, G., L. (eds.), *Technical Change and Economic Theory*, Pinter, London, 1988.

Lundvall, B. A., *Product Innovation and User – Producer Interaction*, Aalborg University Press, Aalborg, 1985.

Lundvall, B. A., "Innovation as an Interactive Process: From User Producer Interaction to the National System of Innovation", in: Dosi, G. (eds.), *Technical Change and Economic Theory*, Pinter Publishers, London, New York, 1988.

Lundvall, B. A., "Introduction", in Lundvall, B., *National Systems of Innovation Toward a Theory of Innovation and Interactive Learning*, London, Pinter Publishers, 1992.

Miles, I., N. Kastrinos, R. Bilderbeek, P. den Hertog, K. Flanagan and W. Huntink, "Knowledge – intensive Business Services: Their Role as Users, Carriers and Sources of Innovation", Report to the EC DG XIII Sprint EIMS Programme Luxembourg, 1995.

Metcoalf, J. C., "Technological Innovation and the Competitive Process", *Technology Innovation and Economic Policy*, 1984.

Mansfiele, "Technology Transfer to Overseas Subsidiary By U. S. – based Firms", *Quarterly Journal of Economics*, 1980.

Metcalfe, J. S., "The Diffusion of Innovation: An Interpretative Surrey", Technical Changer and Economic Theory, London: Pinter, 1988.

Nelson, R., "National Innovation Systems: A Comparative Analysis", University of Illinois at Urbana – Champaign's Academy for Entrepreneurial Leadership Historical Research Reference in Entrepreneurship, 1993.

Papaioannou, Theo, Kale, Dinar, Mugwagwa, Julius, Watkins and Andrew, "The Role of Industry Associations in Health Innovation and Politics of Development: The Cases of South Africa and India Bus", Politics, http://www.degruyter.com/view/j/bap.ahead-of-print/bap-2014-0023/bap-2014-0023.xml (Forthcoming August 2015), 2015.

Pavitt, K., Patel, P., "Global Corporations and National Innovation Systems: Who Dominates Whom?", in: Archibugi, D., Howells, J., Michie, J. (eds.), *Innovation Policy in a Global Economy*, Cambridge University Press, 1999.

Rogers, E. M., *Diffusion of Innovations*, New York: The Free Press, 1983.

Rogers, E. M. and Vlente, T. W., *Technology Transfer in High-technology Industries*, Oxford University Press, 1991.

Stankiewicz, R., "The Role of the Science and Technology Infrastructure in the Development and Diffusion of Industrial Automation in Sweden", in: Carlsson, B. (ed.), *Technological Systems and Economic Performance: The Case of Factory Automation*, Dordrecht, Kluwer, 1995.

Smith, B. R. and Barfield, C. E., *Technology, R&D and the Economy*, Washington: The Brookings Institution and American Enterprise Institute, 1996.

S. Gee, *Technology Transfer, Innovation, and International Competitiveness*, John Wiley & Sons, 1981.

Alkemade, F. and Castaldi, C., "Strategies for the Diffusion of Innovations on Social Networks", *Computational Economics*, Vol. 25, No. (1/2), 2005.

Bao, Y., Chen, X. and Zhou, K. Z., "External Learning, Market Dynamics, and Radical Innovation: Evidence from China's High-tech Firms", *Journal of Business Research*, Vol. 65, No. 8, 2012.

Crafts, N., "Quantifying the Contribution of Technological Change to Economic Growth in Different Eras: A Review of the Evidence", *Economic History Working Papers*, No. 79, 2003.

Davenport, S., Davies, J., Grimes, C., "Collaborative Research Programmes: Building Trust from Difference", *Technovation*, Vol. 19, 1999.

Dutrénit, G., Rocha-Lackiz, A., Vera-Cruz, A. O., "Functions of the

Intermediary Organizations for Agricultural Innovation in Mexico: The Chiapas Produce Foundation", *Rev. Policy Res*, Vol. 29, No. 6, 2012.

Delre, S. A., Jager, W., Bijmolt, T. H. A. and Janssen, M. A., "Will it Spread or not the Effects of Social Influences and Network Topology on Innovation Diffusion", *Journal of Product Innovation Management*, Vol. 27, No. 2, 2010.

Freeman, C., "The National Innovation Systems in Historical Perspective", *Cambridge J. Econ*, Vol. 19, No. 1, 1995.

Fu, X., Pietrobelli, C., Soete, L., "The Role of Foreign Technology and Indigenous Innovation in the Emerging Economies: Technological Change and Catching-up", *World Dev*, Vol. 39, No. 7, 2011.

Frishammar, J. and Hörte, S. Å., "Managing External Information in Manufacturing Firms: The Impact on Innovation Performance", *Journal of Product Innovation Management*, Vol. 22, No. 3, 2005.

Forman, C. and Zeebroeck, N. V., "From Wires to Partners: How the Internet has Fostered R&D Collaborations within Firms", *Management Science*, Vol. 58, No. 8, 2011.

Furman, J. L., Porter, M. E. and Stern, S., "The Determinants of National Innovative Capacity", *Research Policy*, Vol. 31, No. 6, 2002.

Glinow, M. A. V. and Teagarden, M. B., "The Transfer of Human Resource Management Technology in Sinous Cooperative Ventures: Problems and Solutions", *Human Resources Management*, Vol. 27, No. 2, 1998.

Hargadon, A., Sutton, R. I., "Technology Brokering and Innovation in a Product Development Firm", *Administrative Sci. Quart*, Vol. 42, 1997.

Hekkert, M. P., Negro, S. O., "Functions of Innovation Systems as a Framework to Understand Sustainable Technological Change: Empirical Evidence for Earlier Claims", *Technol. Forecasting Social Change*, Vol. 76, No. 4, 2009.

Howells, J., "Intermediation and the Role of Intermediaries in Innovation", *Res. Policy*, Vol. 35, No. 5, 2006.

Jacobsson, S., Johnson, A., "The Diffusion of Renewable Energy Technology: An Analytical Framework and Key Issues for Research", *Energy*

Policy, Vol. 28, No. 9, 2000.

Jin, S. and Cho, C. M., "Is Ict a New Essential for National Economic Growth in an Information Society?", *Government Information Quarterly*, Vol. 32, No. 3, 2015.

Jorgenson, D. W. and Stiroh, K. J., "Information Technology and Growth", *American Economic Review*, Vol. 89, No. 2, 1999.

Kogut, B., Zander, U., "Knowledge of the Firm, Combinative Capabilities, and the Replication of Technology", *Org. Sci*, Vol. 3, No. 3, 1992.

Kshetri, N., Dholakia, N., "Professional and Trade Associations in a Nascent and Formative Sector of a Developing Economy: A Case Study of the NASSCOM Effect on the Indian Offshoring Industry", *J. Int. Manage*, Vol. 15, No. 2, 2009.

Komoda, F., "Japanese Studies on Technology Transfer to Developing Countries: A Survey", *The Developing Economics*, Vol. 24, No. 4, 1986.

Mac Garvie, M., "The Determinants of International Knowledge Diffusion as Measured by Patent Citations", *Economics Letters*, Vol. 87, No. 1, 2005.

Nelson, R. R., "Capitalism as an Engine of Progress", *Res. Policy*, Vol. 19, No. 3, 1990.

Nelson, R. R., "National Innovation Systems: A Retrospective on a Study", *Ind. Corporate Change*, Vol. 1, No. 2, 1992.

Patel, P., Pavitt, K., "National Innovation Systems: Why They are Important, and How They Might be Measured and Compared Econ", *Innovation New Technol*, Vol. 3, No. 1, 1994.

Porter, M. E. and Stern, S., "National Innovative Capacity", *Global Competitiveness Report*, Vol. 31, No. 6, 2001.

Smits, R., Kuhlman, S., "The Rise of Systemic Instruments in Innovation Policy", *Int. J. Foresight Innovation Policy*, Vol. 1, No. (1/2), 2004.

Stoneman, P., "Innovative Diffusion, Bayesian Learning and Probability", *Economic Journal*, Vol. 91, 1981.

Suarez - Villa, L., "Invention, Inventive Learning, and Innovative Capacity", *Behavioral Science*, Vol. 35, No. 4, 1990.

Van der Meulen, B., Rip, A., "Mediation in the Dutch Science System", *Res. Policy*, Vol. 27, 1998.

Venturini, F., "The Long - run Impact of Ict", *Empirical Economics*, Vol. 37, No. 3, 2009.

Weiss, A. and Brinbaum, P. H., "Technological Infrastructure and the Implementation of Technological Strategies", *Management Science*, Vol. 35, No. 8, 1989.

Wei, Xinzhen and Yu, Huishi, "A Locational Comparative Study on High - tech Industrial Zones in China", *Chinese Geographical Science*, No. 1, 1994.